红花玉兰研究

——病害 虫害 防控

第四卷

马履一 等◎著

中国林业出版社
CFPH China Forestry Publishing House

图书在版编目(CIP)数据

红花玉兰研究．第四卷，病害　虫害　防控 / 马履一等著．--北京：中国林业出版社，2020.10

ISBN 978-7-5219-0784-1

Ⅰ.①红…　Ⅱ.①马…　Ⅲ.①红花—病虫害防治—研究 ②玉兰—病虫害防治—研究　Ⅳ.①S567.21 ②S685.15 ③S435.67 ④S436.8

中国版本图书馆CIP数据核字（2020）第174234号

出版　中国林业出版社（100009　北京西城区刘海胡同 7 号）

电话　010-83143564

发行　中国林业出版社

印刷　北京中科印刷有限公司

版次　2020 年 11 月第 1 版

印次　2020 年 11 月第 1 次

开本　787mm × 1092mm，1/16

印张　8.75

字数　220 千字

定价　70.00 元

本书著者

主要著者：

马履一	教　授	北京林业大学 林木分子设计育种高精尖创新中心
尹　群	博　士	北京林业大学
陈雪梅	高　工	北京林业大学
贾忠奎	教　授	北京林业大学
桑子阳	高　工	五峰土家族自治县林业科学研究所
陈发菊	教　授	三峡大学
段　劼	副教授	北京林业大学
陈雨姗	硕　士	北京林业大学
朱仲龙	博　士	北京林业大学
卢　鹏	中　级	华南农业大学

其他参与人员（以姓氏笔画为序）：

于凌霄　王　艺　王延双　王利东　王　杰
王相震　王清春　邓世鑫　司瑞雪　朱亚丽
任云卯　刘彦清　李瑞生　吴坤璟　吴　霞
岑　夏　张林玉　张雨童　陆景星　陈　伟
陈思雨　赵秀婷　赵　潇　荆　涛　段晓婧
施晓灯　姜新福　祝顺万　梁　晶　焦马倩

合作单位：北京景苑世业园林绿化有限公司

本专著研究工作的开展受到了以下项目的资助，在此一并表示感谢！

- 林业公益性行业科研专项项目“红花玉兰新品种选育与规模化繁殖技术研究”（201504704）
- 林业知识产权转化运用项目“红花玉兰新品种娇红1号、娇红2号产业化示范与推广”（知转2017-11）

前言

红花玉兰是2004年由北京林业大学博士生导师马履一和湖北省林业局林木种苗总站高级工程师王罗荣等人在湖北省宜昌地区考察木兰科种质资源时发现的，由中国林业科学研究院著名树木分类专家洪涛教授鉴定为木兰科木兰属新种，之后正式命名为红花玉兰，2006年将这一发现发表于国家级刊物《植物研究》2006年第一期（马履一，2006）。红花玉兰属于中国木兰科木兰属新种。

自2004年红花玉兰发现以来，以马履一教授为首的红花玉兰研究团队通过十年的辛勤探索和努力坚持，截至2019年5月先后完成红花玉兰课题十余项，攻克了红花玉兰引种繁育困难，选育获得红花玉兰新品种权8项（娇红1号、娇红2号、娇丹、娇菊、娇莲、娇艳、娇玉、娇姿），并与五峰博翎红花玉兰科技发展有限公司在湖北五峰建立了院士专家工作站。

红花玉兰又名五峰玉兰，高大落叶乔木，最高达30m，花部形态变异丰富，花色由内外深红到粉红，花被片数目9～46瓣，花型有菊花型、月季型、牡丹型等（桑子阳，2011），是极佳的园林绿化素材。

木兰科植物是被子植物最原始的类群之一，在整个植物进化系统中具有极其重要的位置。红花玉兰的发现，为木兰科又增加了一个代表性成员，对这个主要类群的研究将产生重要意义。特别是红花玉兰极其多样的花部形态、颜色变异是花基因分化研究的重要模式素材。

在国家林业局重点科技攻关项目的支撑下，红花玉兰种质资源保护取得显著成效。据了解，红花玉兰为新近发现并经专家鉴定命名的木兰科新种。在此前的正式记载中，玉兰只有白色、紫色和单面淡红色的品种，发现内外全红的玉兰在国内尚属首次。湖北省五峰土家族自治县红花玉兰野生群落经考证为国内最大的木兰科植物野生群落，位于海拔1443～2055m的高山带，群落面积逾540hm^2，原生树种达5000余株，最“老”的红花玉兰已过百岁。

五峰林业部门在北京林业大学有关专家的帮助下，积极开展红花玉兰种质资源保护和示范推广工作。截至目前，全县共挂牌保护野生红花玉兰1000余株并建立了电子档案；对分布比较集中区域实施封山育林，封育总面积1.2万亩[①]；建立红花玉兰种质资源保存示范林350亩，保存红花玉兰种质资源3万余株；建立红花玉兰繁育苗圃50亩，培育红花玉兰苗木近60万株；通过荒山造林、退耕还林、长防林造林等林业重点工程在五峰营造红花玉兰1000余亩，植苗16.7万株（葛权，2010）。

①1亩≈667m^2

红花玉兰新品种系列面世以来，在全国发展极为迅速，但伴随着大面积的红花玉兰苗木培育，也出现了一些相关的病虫危害现象，为了满足生产者对红花玉兰的病虫害及时防控的需要，我们开展了红花玉兰病虫害的研究、全国引种地系统调查，并在总结参考前人的研究成果基础上，形成该书。书中收录了危害红花玉兰以及其他木兰科植物的病害21种、虫害34种，其中包括叶部病害5种、枝干病害5种、根部病害3种、非侵染性病害8种、食叶害虫19种、刺吸类害虫10种、蛀干害虫3种、地下害虫2种。

野生红花玉兰

娇红1号

娇红2号

本书对病害的症状、病原菌鉴定与形态描述、发病及流行规律、防治方法，以及虫害的形态特征、生活习性与发生规律、防治方法进行了深入细致的阐述。为便于读者识别病害、虫害的特征和为害状，本书对每种病害的关键症状、虫害的关键危害时期配置相关图片。同时，为了便于苗圃管理和病虫害防治，本书就常见农药及其使用技术做了简要的分类和详细的阐述，还收录了“国家明令禁止使用、限制使用农药名单”等3个国家相关文件。

该书采用和参考了许多作者和部门相关的研究成果，在此一并感谢！由于编者水平有限，调查时间尚短，书中不妥、不全面之处，敬请各位专家、同行、读者批评指正！

著者

2020年6月

其他红花玉兰新品种

目 录

2 刺吸类害虫

3 蛀干害虫

4 地下害虫

附录

第一部分
病害及其防控

1 叶部病害

1.1 炭疽病

炭疽病是重要的植物病害，对全球大部分地区的植物健康造成危害，可导致上千种木本植物和草本植物染病。玉兰炭疽病在全国大部分地区皆有发生，危害红花玉兰、望春玉兰、白兰、黄兰、含笑、厚朴等木兰科植物。

1.1.1 病害症状

该病主要危害嫩叶、嫩枝或老叶，沿叶缘和叶尖开始侵染，发病初期产生深褐色、圆形或不规则形状小斑，直径或宽约2～30mm，渐渐发展为近圆形大斑，严重时病斑相连整个叶片或枝条枯死（图1.1–1）。多雨潮湿条件下，病斑上出现橘红色黏性小液滴。天气干燥时病斑中心呈灰白色，出现略微凸起的黑色小粒点，即病原菌的分生孢子盘。

图 1.1–1　田间炭疽病症状

（尹群摄于湖北五峰、河南邓州 – 望春玉兰）

1.1.2　病原菌鉴定与形态描述

玉兰炭疽病主要由半知菌亚门腔孢纲黑盘孢目炭疽菌属（*Colletotrichum*）真菌引起。炭疽菌属中，胶孢炭疽菌（*Colletotrichum gloeosporioides*）致病的报道最多。此外，也有 *Colletotrichum acutatum*，*Colletotrichum karstii*，*Colletotrchum magnoliae* 等引起玉兰炭疽病的报道。

PDA 培养的菌落边缘整齐，近圆形，菌丝浓厚呈絮状，边缘色浅中央色深，白色至灰色，背面棕色至黑褐色（图 1.1–2）。菌核丰富，黑色，近球形，有刚毛。分生孢子无色，单孢，短圆柱形或梭形，16 ~ 22μm × 3 ~ 4μm。常有棕色，圆棍状、或形状不规则的附着胞（图 1.1–3）。

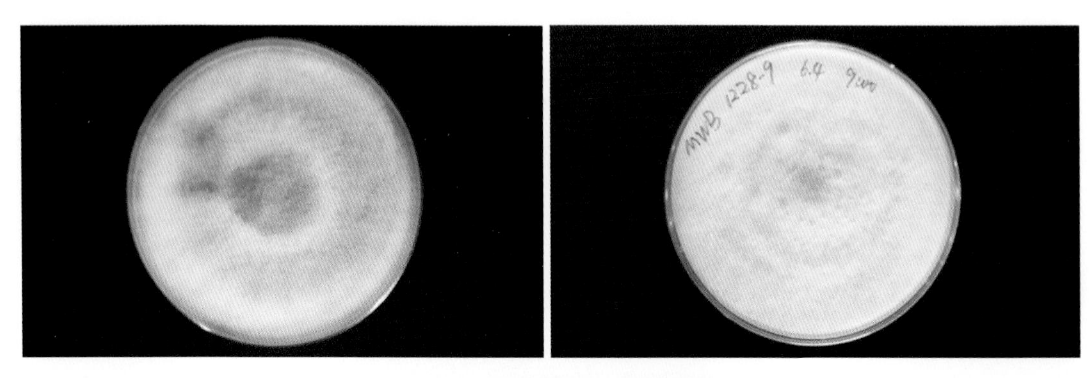

图 1.1–2　病原菌 PDA 培养性状

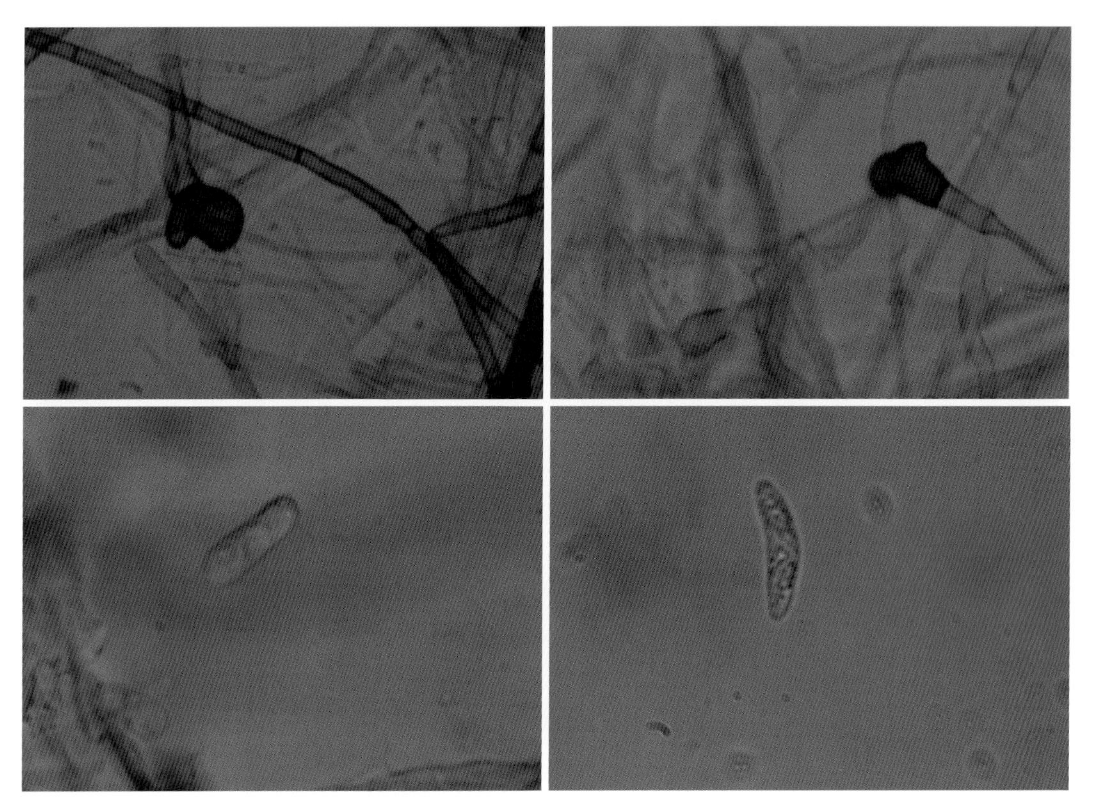

图1.1-3 病原菌的附着胞和分生孢子（甲基蓝染色观察）

1.1.3 发病及流行规律

病菌以菌丝体或者分生孢子盘的形式在植株发病部位、凋落病叶内越冬。翌年春天，分生孢子随风雨、浇水在田间传播，主要通过伤口进行初侵染。全年危害，河南地区7～9月发生严重，广州地区4～9月发生严重，江苏、浙江等地多在梅雨季和秋雨季大发生。病原菌定殖后在病斑上长出黑色分生孢子盘，分生孢子盘产生分生孢子，可进行多次侵染。该病在高温高湿环境下发生严重，发病程度与树龄、树体部位、树势、栽植管理水平有关。幼苗和幼树发病严重，大树发病轻；植株下部叶片受害较多，中部和顶梢发生较轻；长势不良、缺少水肥、叶片黄化的植株更易染病；栽植过密，通风不良的地块更易染病。

1.1.4 防治方法

（1）加强圃地管理，发现病落叶应及时清理，并集中处理。冬季清园，及时处理病残体。

（2）控制苗圃栽植密度，避免种植过密，注意透光通风。

（3）发病前，喷施保护性药剂，如80%代森锰锌可湿性粉剂700～800倍液，或1%半量式波尔多液，或75%百菌清500倍液进行防治。

（4）发病初期喷洒50%苯菌灵可湿性粉剂1000倍液或25 %炭特灵可湿性粉剂500 倍液、50 %施保功可湿性粉剂1000 倍液，隔10 天左右1 次，防治3～4 次（赵秀红，2013）。

1.2 黑斑病

黑斑病是一种重要的玉兰叶部病害，为害望春玉兰、红花玉兰、白玉兰、黄兰、含笑等玉兰科植物。其中红花玉兰叶片发病严重。红花玉兰的不同品种中，又以娇红2号、娇丹发病较为严重。该病害为害叶片，严重时可引起叶片枯黄、早落，影响树势和观赏效果。

1.2.1 病害症状

黑斑病主要危害叶片，病斑无规则地散布于叶片。发病初期可见叶片散布褐色小圆斑，病斑中心有黑色小圆点，外围颜色稍深，并伴有一圈淡黄色的晕圈。随着病害发展，病斑渐渐增大，近圆形，边缘不整齐，病斑中心叶片干枯呈灰色到深灰色。发生严重时，多个病斑相连，使叶片大面积坏死，直至叶片枯黄、早落。该病病斑明显，一旦发生将大大降低玉兰的观赏性。

黑斑病多发于玉兰大苗，且红花玉兰发病较为严重，又以娇红2号、娇丹发病较为严重。树体中下部发病严重，顶梢发病较轻。

图1.2-1 发生黑斑病的红花玉兰叶片

（尹群摄于湖北五峰）

图1.2-2 发生黑斑病的红花玉兰小枝（正面、背面）
（尹群摄于湖北五峰）

图1.2-3 红花玉兰大苗黑斑病
（尹群摄于湖北五峰）

图1.2-4 红花玉兰和望春玉兰上的黑斑病
（尹群摄于湖北五峰、当阳）

1.2.2 病原菌鉴定与形态描述

经组织分离和病原菌鉴定，红花玉兰的黑斑病主要由炭疽菌属（*Colletotrichum* spp.）真菌引起。为半知菌类真菌，分生孢子盘近圆形，直径169 ~ 420μm，刚毛暗褐色，1 ~ 3个隔膜，大小为42 ~ 98μm × 4 ~ 6μm。分生孢子梗大小为16 ~ 20μm × 4 ~ 5μm。分生孢子圆柱形，单胞无色，大小为12 ~ 20μm × 4 ~ 6μm。

1.2.3 发病及流行规律

病原菌以菌丝残体和分生孢子盘形式在发病的红花玉兰枝芽、落叶上越冬。第二年春天气候适宜时孢子萌发并随风和雨水在苗圃中传播扩散。孢子从伤口更易侵入。病斑上出现黑色分生孢子盘后，盘上产生的分生孢子可进行多次再侵染。植株生长不良、遭受虫害的苗木更容易感染。该病在高温、多雨气候条件下高发。云南、湖北、河南7 ~ 9月发生较多，山东、江苏、北京等地发生较少。

1.2.4 防治方法

（1）及时清除病落叶，并集中烧毁。

（2）合理密植，保持苗圃具有良好的通风条件。

（4）适度疏枝，尤其注意控制植株内膛叶密度，保持树体的通风条件。

（5）发病初期及时喷洒50%苯菌灵可湿性粉剂1000倍液，或喷洒25%炭特灵可湿性粉剂500倍液，抑或喷施50%施保功可湿性粉剂1000倍液。尽量选择晴朗的天气喷药，避免药液被雨水冲走。隔10天左右喷施第二次，重复3 ~ 4次。

1.3 细菌性黑斑病

细菌性黑斑病主要为害叶片，是发生较为普遍的玉兰叶部病害。红花玉兰、望春玉兰、白玉兰、黄玉兰、广玉兰等木兰科植物都受其危害。该病害发生严重时叶片枯死、早落，严重影响树势，降低观赏效果。

1.3.1 病害症状

该病主要危害叶片，叶片受害初期叶面零散地出现水渍状小黑点，黑点周围叶片组织褪绿泛黄，形成淡黄色晕圈。随着病害发展，病斑变大，扩大成圆形或者不规则形状的黑斑，黑斑边缘的黄色晕圈变大。发生严重时，多个病斑连成一片，最后叶片大量枯死、变黄、脱落。

1.3.2 病原菌鉴定与形态描述

经组织分离培养，获得了形态特征一致的细菌。应用离心柱型细菌基因组DNA提取试剂盒提取菌物DNA并将该细菌的16S rDNA进行特异性扩增，扩增片段由北京睿博兴科生物技术有限公司测序，将测序结果与GenBank中的已知序列进行比对，结果表明该

图1.3-1　不同发病时期的玉兰叶片
（尹群摄于江苏金坛）

图1.3-2　田间受害状（左：红花玉兰大苗　右：望春玉兰小苗）
（尹群摄于湖北五峰）

菌株与枯草芽孢杆菌（*Bacillus subtilis*）的序列同源性达99%，经柯赫氏法则检验，确定多种玉兰叶片的细菌性黑斑病病原菌为枯草芽孢杆菌。该结果与史学远（2014）研究结果一致。PDA平板性状显示，病原菌菌落圆形或近圆形，边缘不整齐，营养菌丝表面粗糙、乳白色，有时有黏稠分泌物。

1.3.3 发病及流行规律

病原菌主要在树芽内、树皮、残存的叶片上越冬，自伤口、气孔侵入，随水滴传播，有时叶片之间摩擦接触也会导致病原菌传染。华东地区（调查地：山东临沂等地）一般5月中旬开始发病，6～8月达到高峰期，9月随着气温的下降以及空气湿度的降低发病减缓，10月病害停止发展。华中地区（调查地：湖北五峰、湖北当阳、河南南阳、河南南召）发病较早，持续时间较长，一般4月中下旬初见病斑，5月中旬进入发病高潮，并持续到9月。10月病害发生减弱，并随着气温下降逐渐停止发展。

田间调查发现，该病害的发生与温度、湿度关系密切。夏季雨水多、湿度大时病害发生严重。反之，干旱、夏季降雨晚、降水量少的年份和地区则病害发生较轻。

1.3.4 防治方法

（1）加强圃地管理

结合管理细致检查病株，发现病斑或病重叶及时剪除，并统一收集带出圃地处理。及时控制园土水分，做好灌溉和雨季排涝，配合施肥松土、除草清园，加强圃地卫生管理。

（2）加强苗木管理

加强苗木的栽培管理，增强植株长势从而增加植株抗性。

（3）避免机械损伤

园艺作业中，避免碰伤植株，防止病原菌自伤口侵入。

（4）出入圃检查

出圃入圃苗木严格检查病害发生情况，购苗时选择健康无病斑的苗木，剔除染病苗木以杜绝病源，出圃时如苗木带有病斑应先喷药防治，再运输出圃。

（5）化学防治

发病初期喷施化学药剂进行防治，可选的药剂有：72%农用硫酸链霉素、60%琥铜·乙膦铝可湿性粉剂等，可以用84.1%好宝多可湿性粉剂、77%可杀得可湿性粉剂，每10天喷施1次，连续喷施2～3次。必要时可根据天气和病害发生程度来调整喷药间隔时长和喷药次数。

1.4 煤污病

煤污病又称煤烟病，由真菌引起，宿主广泛，在园林花卉中发生普遍。其发生往往与蚜虫、介壳虫等刺吸害虫的蜜露分泌关系密切。玉兰科植物中红花玉兰、望春玉兰、白玉兰、紫玉兰、黄玉兰等绝大多数玉兰都有过发生煤污病的报道。病害多发生于植株的叶片和枝条，初为小霉斑，发展严重时连成片，在植株叶片、枝条表面形成厚密煤层，严重影响植株光合作用和呼吸作用，降低树势甚至导致植株死亡。

1.4.1 病害症状

病害广泛发生于木兰科植物上，发生部位多为植株的叶片和枝条。感病植物组织最初出现黑褐色、表面粗糙、厚薄不均匀的菌丝霉斑，似覆盖一层煤烟，煤烟抹除后植物叶片仍为绿色；之后霉斑渐渐发展，严重时连成片，在植株叶片、枝条表面形成灰白色至灰黑色的厚密煤层，煤层散生许多黑色小粒点或刚毛状凸起，煤层严重影响植株光合作用和呼吸作用，导致叶片枯黄、早落。发生严重时植株树体衰弱甚至死亡。该病常伴生蚜虫、介壳虫、粉虱等。

1.4.2 病原菌鉴定与形态描述

煤污病在全世界分布广泛，引起煤污病的病菌种类多，不同地区不同植物，甚至同一地区同一植株上可感染多种病菌，因此其症状也略有差异。其典型的共同特征是黑灰色煤污层覆盖植物组织表面。

图1.4-1 初发生煤污病的红花玉兰叶片（左：叶面 右：叶背）
（尹群摄于湖北五峰）

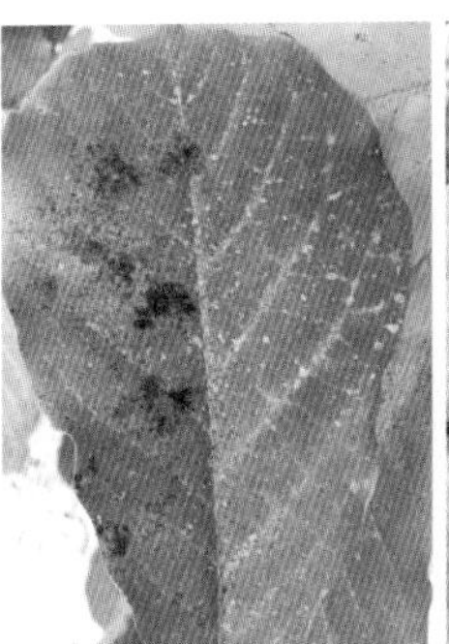
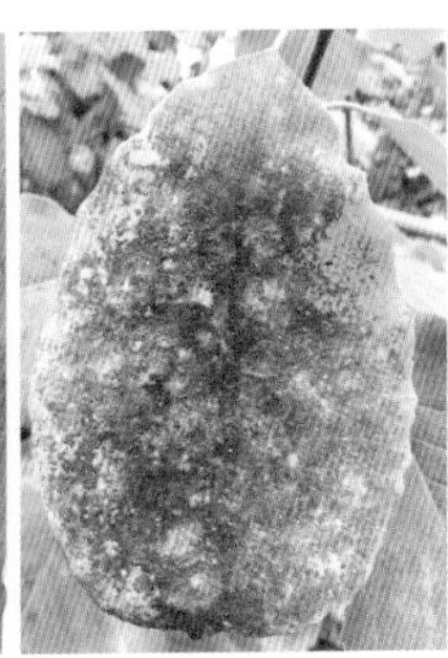

图1.4-2 不同染病时期的红花玉兰叶片
（尹群摄于湖北五峰、北京海淀）

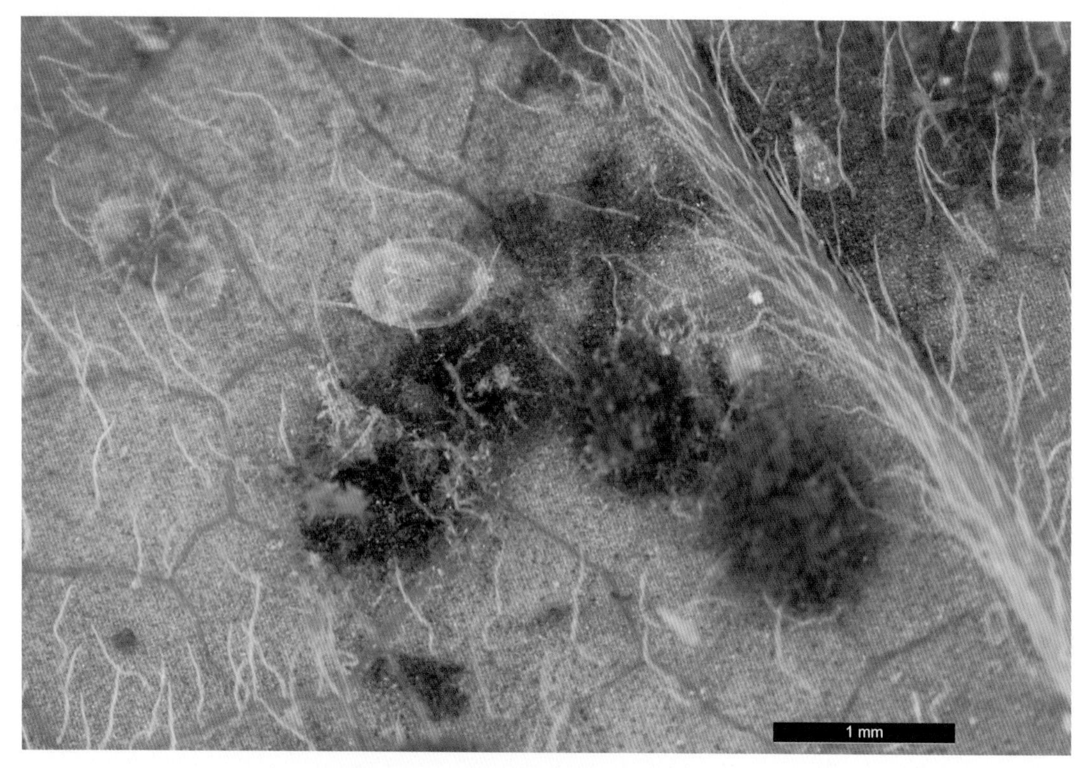

图1.4-3　发生煤污病的叶片表面

（尹群样品采于北京海淀，摄于北京林业大学森林培育实验室）

大量文献研究表明，煤污病病原菌通常为热带菌类，主要有半知菌亚门（Deuteromycotina）杯霉科（Discellaceae）的仁果粘壳孢（*Gloeodes pomigena*）和子囊菌亚门（Ascomycotina）煤炱科（Capnodiaceae）和小煤炱科（Meliolaceac）真菌。前者多危害果实，故在此不做详细介绍。煤炱科菌落在叶片表面生长繁殖，以叶面的无机物和有机物作为营养；小煤炱科真菌也是植物叶片上的专性寄生菌，菌丝表生、黑色，以吸器伸入寄主的表皮细胞获取养分，在叶片表面形成黑色圆形霉点并扩散成片，覆盖叶片。

图1.4-4　与煤污病同时出现的刺吸害虫（左：介壳虫　右：蚜虫）

（尹群摄于北京海淀）

图1.4-5 发生煤污病的苗圃
（尹群摄于北京海淀）

1.4.3 发病及流行规律

病原菌往往以菌丝体、分生孢子、子囊孢子的形式在染病部位以及残存的病组织中越冬。翌春病菌孢子借助风、雨水和昆虫进行传播，常发生于春秋两季。病原菌往往寄生于蚜虫、粉虱、介壳虫等刺吸害虫的分泌物中，因此煤污病的发生与刺吸害虫密切相关。高温、高湿、虫害严重，以及密度过大通风不良的条件下，更易发生煤污病。

1.4.4 防治方法

（1）圃地选择上，选择开阔平缓，背风向阳，排水散湿条件好的地块。

（2）合理密植，及时疏枝修剪，改善圃内通风透光条件。

（3）及时清园，将病落叶统一收集处理，保持圃地卫生。

（4）雨季及时排除积水、除草施肥，切忌圃地闷湿、杂草茂盛。

（5）该病发生与刺吸昆虫密切相关，因此要控制蚜虫、粉虱、介壳虫等虫害。适时喷施40%氧化乐果1000倍液或80%敌敌畏1500倍液。防治介壳虫还可用10 ~ 20倍松脂合剂、国光崇刻3000 ~ 5000倍液、国光必治1500 ~ 2000倍液喷雾、石油乳剂以及蚧虫清等药物。

（6）发病后，可用高压水枪喷洗叶片，以减少煤污层覆盖面积，然后可喷施代森铵500 ~ 800倍液，灭菌丹400倍液等，杀菌的同时注意补充苗木营养，达到更好的防治效果。

1.5 白粉病

白粉病是一种流行地区广、寄主范围大、发生严重的世界性真菌病害。在园林上主要侵染月季、大叶黄杨、黄栌、紫薇等植物，此外小麦、黄瓜、草莓、葡萄等粮食、蔬菜、经济作物也广泛受害。调查发现，玉兰苗圃内的红花玉兰、白玉兰、望春玉兰都有白粉病发生。该病主要为害植株叶片，在叶表面形成白色至浅棕色霉斑，随着病势发展霉层覆盖整个叶片，导致植株的光合、呼吸作用无法正常进行，最终引起植株代谢紊乱，造成落叶、早衰。

1.5.1 病害症状

病害广泛发生于各种园林花卉、农作物、经济作物上，在木兰科植物中也较为普遍，发生部位多为植株的叶片，也危害植物的嫩梢、幼芽等部位。病斑初为灰白色、近圆形，此时将霉层抹除后植物叶片仍为绿色。气候条件适宜时病斑继续发展，叶面霉层变厚，病斑扩大并相连。发病后期整个叶片布满白色霉层，霉层颜色变为灰白，叶片呈黄褐色并失水枯落，有时霉层上会出现黄褐色或黑色小颗粒（即病原菌的闭囊壳）。严重时病斑可蔓延至枝、梢、嫩芽和茎上，新叶不展、叶片变小，苗木整体弱小甚至死亡。

图1.5 玉兰叶片上的白粉病斑

（尹群、朱仲龙摄于湖北五峰、当阳）

1.5.2 病原菌鉴定与形态描述

大量研究报道显示，白粉病是由白粉菌引起的植物病害。白粉菌是子囊菌亚门（Ascomycotina）白粉菌目（Erysiphales）真菌的总称。该类真菌广泛存在于世界各地，主要分布在北温带，是被子植物上广泛存在的一种活体寄生真菌。具有较强的寄主专化性，但许多植物可以被多个属的白粉菌感染。

1.5.3 发病及流行规律

以闭囊壳或休眠菌丝、分生孢子越冬，以病株或病组织残体为越冬部位，翌春以子囊孢子或分生孢子随风或雨水、昆虫进行初侵染，一年内可进行多次循环。

白粉病的发生和流行与气候条件密切相关，前人研究表明：21～25℃，pH值6.5，湿度52%～75%为白粉菌分生孢子最适的萌发条件。温度过高（高于30℃）或过低（低于20℃）则发病缓慢，当夏季温度高于35℃时病害停止发生进入休眠期。多数研究表明，白粉病的发生与水分条件密切相关，干旱和过度潮湿都会抑制白粉病发生（胡远彬等，2019）。

该病一般在3月下旬至4月上旬初见病斑，4月中旬后随着气温的回升开始快速扩散。夏季在高温地区病害发生缓慢或停滞，但在海拔较高，空气湿润的山区病害持续发生。8月下旬以后，病原菌再次侵染，形成第2次发病小高峰。9月下旬以后病情趋于缓和，10月以后很少感染。

（调查地点：湖北、山东、江苏、河南，其他省市根据气候差异发生规律稍有不同。）

1.5.4 防治方法

（1）苗木选择

购苗时要选择健康无病斑的苗木，杜绝病原。苗木出圃时，若存在病斑，应先进行喷药防治再运输出圃，避免带有病原菌的苗木出圃传入新区域。

（2）清除病原菌

秋天落叶后应及时清园，清除病叶剪除病枝。此外，在生长期也应该及时发现并处理病组织。必要时可标记生长季发病严重的苗木，植株休眠后进行重点修剪，剪除病原菌可能越冬的病芽、病梢、枝条等。修剪、清园后及时带离圃地集中处理。

（3）合理密植

合理密植，保证圃地通风条件，从而减少病原菌的传播。对于密度比较大的圃地，应进行适度的疏枝间苗。

（4）加强苗木养分管理

及时补充苗木营养，避免因营养缺乏导致的树势衰弱。施肥均衡，避免偏施氮肥，注意补充磷钾肥。

（5）化学防治

在病害发生初期，选用40%三唑酮多菌灵或25%粉锈宁进行叶面喷施可有效防治白粉病。此外，新获批上市的苯菌酮（辉胜，2019）、日本Pyriofenone（张佳琦，2018）等白粉病防治药物也可作为防治药品。

为避免病菌产生抗药性，不同种类药物最好交替使用。

2 枝干病害

2.1 溃疡病

溃疡病是重要的林木、苗木枝干病害，为害范围广，东北、华北、西北和华东地区都有发生。寄主范围大，杨树、柳树、榆树、国槐、檫树、海棠、苹果、杏等树种都有溃疡病病害记载。木兰科植物中的红花玉兰、望春玉兰、白玉兰、二乔玉兰、紫玉兰、黄玉兰、天女木兰等都可感病。感病后树木枝干局部皮层坏死，形成凹陷病斑，周围稍隆起，或树干皮层腐烂与木质部剥离，病斑蔓延可包围整个树干，严重时造成苗木整株死亡。幼苗、幼树、长势弱移栽过后处于缓苗期的苗木极易感染。

2.1.1 病害症状

该病可危害各个生长时期的苗木枝干，病原菌潜藏于树皮内，经受高温灼伤、低温冻伤、其他机械伤口，以及正在缓苗期的移植苗木尤其容易感染。经调查，木兰科植物上发病类型主要有以下两种：

图2.1-1 玉兰大苗枝干溃疡病（左：水泡型 中、右：烂皮型）

（尹群摄于湖北五峰、河南邓州）

图2.1-2 红花玉兰小枝溃疡病
（尹群摄于山东临沂、云南大理）

水泡型：病斑初期在树干、枝条上显现不易察觉的近圆形变色斑，后逐渐发展为水泡或大片水渍状，后期水泡干瘪凹陷，呈黑褐色。感染后期病斑处长出黑色小粒状子实体，内皮层和木质部变褐色。严重时病斑连成片导致树木局部枝枯甚至整株死亡。

烂皮型：初病处树皮出现裂缝，微微鼓翘，病害发展严重时树干皮层腐烂并于木质部剥离，呈现纤维状，内皮层和木质部变褐色。病斑往往纵向发展，引起枝干单方向干枯，有时也环绕枝干，引起苗木枯死。

发生在树干上的溃疡病往往难以察觉，初期不易察觉，病斑发展到环绕枝干一周时，则导致枝干干枯死亡。

2.1.2 病原菌鉴定与形态描述

大量研究表明，侵染性苗木溃疡病多数是由兼性寄生真菌引起，少数是由细菌引起。伤口（例如日灼、冻害、机械伤口等）有利于病原菌侵入，进而引起病害发生。

树木溃疡病的病原菌主要为子囊菌，此外由于半知菌亚门的部分有性世代属于子囊菌亚门，因此半知菌亚门中也有多种引起植物溃疡病的病原菌，担子菌革菌科一些真菌也曾被报道过引起树木溃疡病，重要的病原菌见表2.1：

2.1 溃疡病常见病原菌中文名与拉丁名对照表

中文名	拉丁名	中文名	拉丁名
葡萄座腔菌属	*Botryosphaeria*	壳梭孢属	*Fusicoccum*
腐皮壳菌属	*Valsa*	壳囊孢属	*Cytospora*
内座壳属	*Endothia*	镰刀菌属	*Fusarium*
丛赤壳属	*Nectria*	黑盘孢属	*Melanconium*

（续）

中文名	拉丁名	中文名	拉丁名
炭团属	*Hypoxylon*	茎点霉属	*Phoma*
毛杯菌属	*Trichoscyphella*	拟茎点霉属	*Phomopsis*
薄盘菌属	*Cenangium*	色二孢属	*Diplodia*
大茎点霉属	*Macrophoma*	单毛孢属	*Monoehaetia*
小穴壳属	*Dothiorella*	球二孢属	*Botryodiplodia*
盘壳孢属	*Dothiclliza*	盘色多孢属	*Coryneum*

参考文献：赵嘉平，2007；吴小芹，2001；王金利，2007；Slippers B，2013；Pennycook S R，2004；Smith H，1996；Okuno T，2006；Ahmad I，2013；Thseng F M，2004；胡美姣，2012；匡柳青，2014。

以上病原菌形态不做一一描述。

2.1.3 发病及流行规律

病原菌主要以休眠的菌丝体形式在植株组织内越冬，翌春气温回升菌丝体萌发开始侵染，一般3～4月为该病的发病初期，此后日渐严重直到树木进入旺盛生长期，病害逐渐减弱甚至停止发生。该病高发于春秋两季，且春季发病往往危害更大。

2.1.4 防治方法

（1）加强管理

加强圃地管理，尤其注意春季圃地管理。早春注意天气变化，及时应对春寒、春旱，多风地区的苗圃注意春季大风和日灼对苗木造成伤害；平时适时松土除草、关注土壤墒情、合理施肥，为幼树生长创造适宜的生长环境，增强树势提高幼树的抗病性。

（2）避免形成伤口

在移栽、嫁接和修剪等农事操作过程中，尽量避免对树体的伤害。同时注意治虫防病，及时防治苗圃及林地中的害虫，防止其在树体上取食或产卵造成伤口，避免伤口形成，防止或减少病菌的侵入（马迪，2018）。

（3）及时清园

及时清除病株，避免发病苗木感染周边健康苗木。病枝剪除时不要落到地上，且及时带出苗圃集中处理。同时，用农用链霉素、百菌通、可杀得和90%链土霉素等药剂涂抹植株截口并包扎处理。

（4）树干涂白

用涂白剂将树干涂白，可防树干冻害和日灼，兼有防虫灭菌的作用，从而降低溃疡病的发病率。

（5）化学防治

对于病害初期的苗木，可用50%的多菌灵或70%的甲基托布津200倍液喷施树干，7～10天喷施1次，一般重复3次。

对于发病较重的苗木，先刮除病斑，并用70%的甲基托布津刷到病组织上，然后对树干进行药物喷施。

拓展阅读

树干涂白剂常见配方：

①生石灰：硫磺粉：水=10：1：40

②生石灰：石硫合剂残渣：水=1：1：1

③生石灰：石硫合剂原液：食盐：动物油：水=10：1：4：0.25：80

④生石灰：食盐：硫磺粉：动物油：水=10：4：3：0.25：80

混合搅拌均匀后，均匀涂刷于树干上。

2.2 干腐（枝腐）病

玉兰干腐（枝腐）病是为害木兰科植物枝干的真菌病害，红花玉兰、望春玉兰、白玉兰、二乔玉兰、紫玉兰、黄玉兰、天女木兰等都可感病。该病常发生于截干刀口以及嫁接口部位，近年来随着红花玉兰的大规模嫁接繁殖，干腐（枝腐）病发生率逐年上升，造成树干皮层腐烂坏死，坏死皮层以上的枝条全部枯死，引起树体早衰、冠形不完整，甚至整株死亡。且该病传染性较强，发生后若没有及时妥当处理，将会导致圃地苗木大规模感染，为苗圃带来严重损失。

2.2.1 病害症状

该病主要为害苗木枝干，嫁接刀口、截干刀口、其他机械伤口部位更易感染。主要分为腐烂型和枝枯型。

腐烂型一般发生于苗木主干和大枝上，发生初期植株表皮出现成片的轻微隆起，顶部稍微凹陷，病斑表面常有黑色小粒，病害持续发展隆起变大，植株表皮密布黑色、粉状的成片霉层，有时黑色霉层上出现少量灰白色粉状霉点，霉层扩大连成片，病健交界处明显。严重时霉层从苗木枝干上方一直蔓延到苗木基部，霉层覆盖整个树干，造成表皮大面积腐烂，严重影响养分的运输，造成树势衰弱或植株死亡。

枝枯型一般发生于小枝和幼小苗木上，发病初期在枝梢上出现红褐色病斑，呈干腐状，边缘交界较明显，病斑包围枝梢后枯死。

2.2.2 病原菌鉴定与形态描述

干腐（枝腐）病在梨树、花椒、玉兰、海棠、苹果、杏、核桃等多种植物上被观察和记载，是重要的经济林和园林植物病害。但在玉兰上至今尚未有详细的病原菌鉴定研究。一般认为表皮腐烂、隆起出现黑色颗粒的症状是由子囊菌门（Ascomycota）子囊菌纲

图2.2-1 玉兰干腐（枝腐）病

（尹群摄于湖北五峰、湖北当阳、云南大理）

图2.2-2 玉兰干腐（枝腐）病病健交界处明显

（尹群摄于湖北五峰、湖北当阳、云南大理）

（Ascomycetes）黑腐皮壳目（Diaporthales）黑腐皮壳科（Valsaceae）真菌引起，而黑色霉层症状是由多种腐生菌在表皮腐烂后二次侵染导致。

2.2.3 发病及流行规律

干腐（枝腐）病是一种跨年病害，春天开始侵染植株，3～11月均可侵染，冬季以分生孢子器、子囊壳等多种形式在病组织中越冬。每年春天和秋天，气温适宜时出现发病高峰（邹红竹，2019）。

与健康部位相比，该病病原菌容易通过伤口入侵，嫁接刀口、截干刀口、其他机械伤口部位更易感染。该病潜育期长，传染性强、致病性强，危害严重。

2.2.4 防治方法

（1）圃地管理

加强圃地管理，及时排涝除草，补充肥料，春秋两季加强巡查，及时发现病害，出现病害后及时清理感染的枝干并带出圃地统一处理。入冬后重点修剪发病严重的苗木。

（2）伤口处理

截干后，伤口及时涂抹杀菌防虫剂或伤口愈合剂（欧贝斯德助植物伤口愈合剂、柏斯特伤口涂抹剂、伤口宝等），防止病菌侵入。

（3）出入圃检查

购苗时要选择无病植株，严格剔除染病苗木，杜绝病原。苗木出圃时，要进行喷药防治，严防带有病原菌的苗木出圃传入新区域。

（4）药剂保护

晚秋、早春加强检查苗木枝干、根颈部位，病斑一旦发现应及时涂药防治。春季顺风喷铲除剂为主，可用40%福美砷可湿粉剂100倍，或3度石硫合剂。也可用石硫合剂掺65%五氯酚钠100～200倍。发生较严重处，刮开病斑，刷涂治疗剂（甲基托布津、多菌灵等）。如苗木太小不宜刮皮，可用利刀切划竖道，切开树皮，然后涂抹药品，增加渗药量。

拓展阅读

化学杀菌剂按照作用方式可以分为以下三种：

1．保护型杀菌剂（保护剂）：作用于病原物成功侵染寄主以前，通过药物将寄主周围环境改造为病原菌不适宜生长的环境，比如抑制病原菌生长或者毒杀病原菌孢子，以达到避免植物受到侵染的作用。这种杀菌剂一般在植物感病前施用且覆盖均匀，要求药剂具有较强的附着能力并有一定的残留有效期。如波尔多液、代森锌、硫酸铜、绿乳铜、代森锰锌、百菌清等。

2．治疗型杀菌剂（治疗剂）：作用于病原菌侵入植物体以后，植物还没有表现出明显症状以前，在病害潜伏期药物渗入植物组织从而抑制病原菌的发展，使病株不再受害，并恢复健康，具有这种治疗作用的药剂称为治疗型杀菌剂。这种杀菌剂一般在植物感病后施用，可不均匀施用，在患病处施用即可，要求药剂具有一定的内吸性和渗透性。如甲基托布津、多菌灵、春雷霉素等。

3．铲除型杀菌剂（铲除剂）：作用于植株感病后，施药能直接杀死植株体内的病原菌。与治疗型杀菌剂相同，一般在感病后施用，不要求覆盖均匀，要求药剂具有一定的内吸性和渗透性。如福美砷、五氯酚钠、石硫合剂等。

资料来源：段金电，2008.

2.3 枝干藻斑病

藻斑病是一种为害植株枝干的病害，主要发生于主干和粗壮的大枝上，小枝上少见。该病可为害红花玉兰、望春玉兰、白玉兰等多种木兰科植物。目前的调查结果显示，该病只发生于湖北的玉兰苗圃，其他圃地尚未发现。该病病斑呈大小不一的灰白色藻斑状，引起植株表皮出现细小黑褐色弯曲裂纹，严重时导致树皮块状剥落。

2.3.1 病害症状

该病主要发生于苗木主干，有时也发生于粗壮的大枝上。发病初期苗木表皮出现灰白色近圆形或不规则的变色斑，斑上散生黑色小粒；随着病害发展灰白藻斑状病斑缓慢扩大，其上散生的黑色小粒大量增加有时紧密排列成一团。后引起植株表皮出现细小黑褐色弯曲裂纹，严重时，病斑连成片，覆盖植株主干，导致树皮块状剥落，使苗木的观赏价值大大降低，对树势也有一定影响。

图2.3 不同发病程度的枝干藻斑病

（尹群摄于湖北五峰）

2.3.2 病原菌鉴定与形态描述

该病于2016年1月在湖北五峰渔洋关镇首次发现，之前未见类似报道，病因尚未研究清楚。

2.3.3 发病及流行规律

大苗的主干是该病的高发部位，此外粗壮的大枝也偶有发生。病因尚不清楚。

2.3.4 防治方法

（1）加强管理

加强圃地管理。对圃内苗木进行适时培土、松土、除草，及时排灌，合理施肥，及时防治病虫害，为苗木生长创造适宜的生长环境，增强树势提高苗木的抗病性。

（2）树干涂白

用涂白剂将树干涂白，可防树干冻害和日灼，兼有防虫灭菌的作用，从而降低该病的发病率。

（3）出入圃检查

购苗时要选择无病植株，严格剔除染病苗木，杜绝病原。苗木出圃时，要进行喷药防治，严防带有病原菌的苗木出圃传入新区域。

2.4 枝干大型真菌子实体木腐病

枝干大型真菌子实体木腐病是一种为害植株枝干的病害，危害多种阔叶树，我国南北各省份都有分布，主要发生于主干和粗壮的大枝上，一些截干的伤口处也常见，病害造成立木腐朽，严重时导致风折。该病可为害红花玉兰、望春玉兰、白玉兰等多种木兰科植物。有些种类子实体可食用和药用。

2.4.1 病害症状

主要发生于多种玉兰的主干和粗壮的大枝上，一些截干的伤口处也常见。分为木耳、彩绒革盖菌和发丝状。部分子实体具有食用和药用价值（图2.4）。

木耳：枝干上着生大型子实体，子实体略呈耳形，多个聚合在一起，浅黄褐色至深黑褐色。湿润时半透明，质感柔软。干燥时颜色变深，革质。引起苗木的褐色腐朽，严重时立木风折。

彩绒革盖菌：多发于树干基部或中部，子实体无柄，覆瓦状叠生，基部紧贴于树干。菌盖近半圆形，革质，色泽由黑色至淡黄色，深浅交替呈同心环状。表面密生短绒毛，边缘较薄，波浪状，色浅。可导致木材腐朽。

发丝状：枝干上着生大型子实体，子实体呈发丝状，聚成刷子状的一簇，上部红褐色，基部黑色，细长柔软。

图2.4　三种常见的枝干大型真菌子实体
（尹群摄于湖北五峰）

2.4.2　病原菌鉴定与形态描述

木耳：真菌，担子菌门木耳（*Auricularia auricula*）

彩绒革盖菌：担子菌纲灰包目灰锤科彩绒革盖菌（*Coriolus versicolor*）

发丝状：真菌，鉴定中

2.4.3　发病及流行规律

木耳状：子实体在木质部连年蔓延，外部生出新鲜子实体，子实体散发的担孢子自苗木伤口侵入，衰弱木、濒死木以及伤口多、愈合情况差的苗木常发病严重。

彩绒革盖菌：病原菌以菌丝体形式在苗木的木质部越冬，连年不断蔓延，条件适宜时外部长出新鲜子实体。子实体一年生，一般8月底9月初散发担孢子，自树干伤口再次侵染。病原菌主要侵染伤口、修枝刀口，且受到冻害、干旱、日灼、其他病虫害而导致树势衰弱的苗木容易感染该病。

2.4.4　防治方法

（1）加强管理

针对不同玉兰品种，采用适宜的管理措施，适时培土、松土、除草，及时排灌，合理施肥，及时防治病虫害，为苗木生长创造适宜的生长环境，增强树势，提高苗木的抗病性。

对于受伤、树体衰弱的苗木，应及时复壮，促发新枝增强树势。

对于濒死的、极度衰弱的苗木，病虫害严重的苗木，应及时伐除并清理。

（2）伤口管理

树木整形修剪、嫁接剪砧、移植截干时，伤口要平滑，大型伤口应及时涂抹专用的伤口愈合剂进行保护。日常管理中，如树干遇到意外创伤，随即涂抹波尔多液、石硫合剂原液或1%硫酸铜溶液。

（3）药物防治

经常检查苗木是否有病害症状，一旦发现大型子实体应立刻挖除，并用1%的硫酸铜液或硫化铜150～200倍液涂抹伤口。

2.5 苗木地衣害

苗木地衣害全国各地都有发生，且以南方地区为重要发生地区。多种针叶、阔叶乔木、花卉皆可受害。木兰科植物中，红花玉兰、望春玉兰、白玉兰等多种苗木都曾发现过田间受害症状，且以湖北五峰土家族自治县发生频率最高。

地衣附着于苗木的枝干表面，影响苗木呼吸作用，并滞留大气中的水分，为其他虫害和病害的滋生提供了有利条件，导致树势衰弱。另一方面，地衣也是重要的空气污染指示植物，且部分地衣具有食用、药用价值，少数种类还可提取染料、香料、抗菌素等。

2.5.1 病害症状

地衣根据形态特征可分为叶状地衣、壳状地衣、枝状地衣和胶质地衣。玉兰枝干上常见的主要有叶状地衣和壳状地衣。

叶状地衣：扁平，边缘卷曲，淡绿色或灰白色，下面深褐色，有假根，常多个联结成不规则形附于苗木的枝干上，易剥离（徐志华，2006）。

壳状地衣：紧贴于苗木枝干上似一块灰绿色的膏药，上面常有一些小黑纹；有时附着于叶片上，呈大小不等的灰绿色小圆斑。

图2.5-1 典型的叶状地衣

（寄主：紫薇，摄于湖北五峰玉兰苗圃）

图2.5-2 玉兰枝干上的地衣（叶状地衣和壳状地衣）

（尹群摄于湖北五峰）

2.5.2 病原菌鉴定与形态描述

地衣属植物界地衣门（Lichenes），是真菌和藻类共生的植物。组成地衣的真菌多数是子囊菌，少数是担子菌；藻类常是蓝绿藻和单细胞绿藻。真菌与藻类互利共生，前者提供水分和无机盐，后者主要提供有机物。地衣约有18000余种，按其外部形态可分为四大类：叶状地衣、壳状地衣、枝状地衣和胶质地衣（徐志华，2006）。

2.5.3 发病及流行规律

地衣具有一定的形态和结构，产生多种地衣酸等特殊化学物质，对生态环境的耐受性极强，在干旱、寒冷、瘠薄环境中，在树干、土壤、苔原、荒漠上均能生存，且对环境有重要影响。地衣喜温暖阴湿的环境，以营养体在寄主枝干或叶片上越冬，翌春分裂为碎片进行繁殖，通过风雨传播到寄主枝干皮层及叶片上危害，亦以含有真菌和藻类成分的芽孢子经风雨传播繁殖。真菌以菌丝体或孢子发芽繁殖，遇有适宜的藻类即行共生，吸收寄主组织中的水分和无机盐，并将一部分供给藻类。藻类具有叶绿素，进行光合作用，制造有机物质，也将其中一部分供给真菌作营养，形成相互依存的关系。一般温暖、湿润、光照又不过强的环境利于地衣的生长和繁殖。

2.5.4 防治方法

（1）集中刮埋

地衣生长过多削弱花木的生长势时，可用竹片或小刀将其从枝干上刮除集中深埋，再涂以3～5° Be石硫合剂等。

（2）化学防治

直接向带病枝干上喷洒松碱合剂或机油乳剂等。

3 根部病害

3.1 根腐病

根腐病是一种全球性的严重病害，该病发生于地下，具有难发现、难防治、死亡率高等特点。该病是一种土传病害，主要由于土壤中真菌侵染植株根部，导致根部腐烂，植株上部无法汲取养分及水分，影响正常生理代谢过程，最终全株死亡。红花玉兰、白玉兰、望春玉兰等多种木兰科植物均可感染。

2016年春天北京鹫峰苗圃白玉兰爆发根腐病，发病率高达98%，病害出现一个月后，死亡率达100%。

3.1.1 病害症状

该病主要危害根颈以下的木质部，感病初期地上部分难以观察，根部表皮层出现褐色病斑，病斑微湿腐状，颜色略深于健康皮层。随着病害发展，病斑逐渐蔓延到须根、侧根、主根，其木质部相继腐烂变黑。病害发生到一定程度时，地上部分才开始出现叶片变小、叶色加深、萎蔫、干枯甚至落叶的症状。

图3.1-1　白玉兰盆栽苗根腐病与健康苗木对比

（尹群摄于北京海淀）

图3.1-2　健康苗木根系与病害苗木根系对比

发病植株的根与健康植株相比，须根变少、主根干瘪呈深褐色，部分腐烂变黑，而健康的玉兰苗木须根丰富，主根圆润饱满，呈黄褐色。

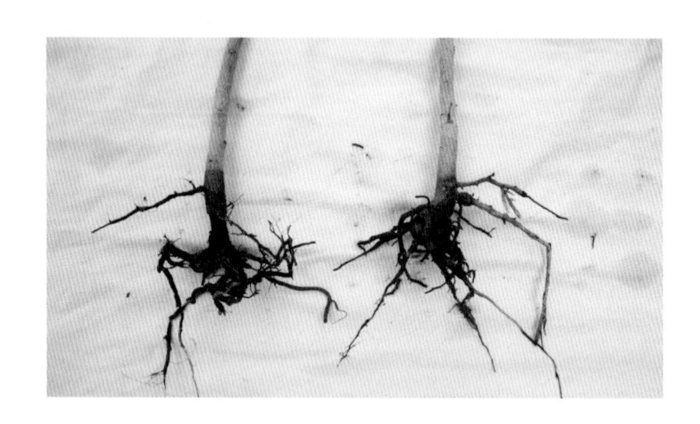

图3.1-3　发生根腐病的苗木根部

3.1.2　病原菌鉴定与形态描述

文献记载中造成根腐病的病原菌种类繁多，主要有恶疫霉菌（*Phytophthora cactorum*）、蜜环菌（*Armlillaria mellea*）、褐座坚壳菌（*Rosellinia necatrix*）、镰刀菌（*Fusarium* spp.）腐霉菌（*Pythium* spp.）、丝核菌（*Rhizoctonia* spp.）等。

经病原菌分离纯化鉴定，发现全国红花玉兰苗圃根腐病病原菌主要为镰刀菌属真菌，分离比率较高的主要有*Fusarium brachygibbosum*、*Fusarium equiseti*、*Fusarium oxysporum*等镰刀属真菌。

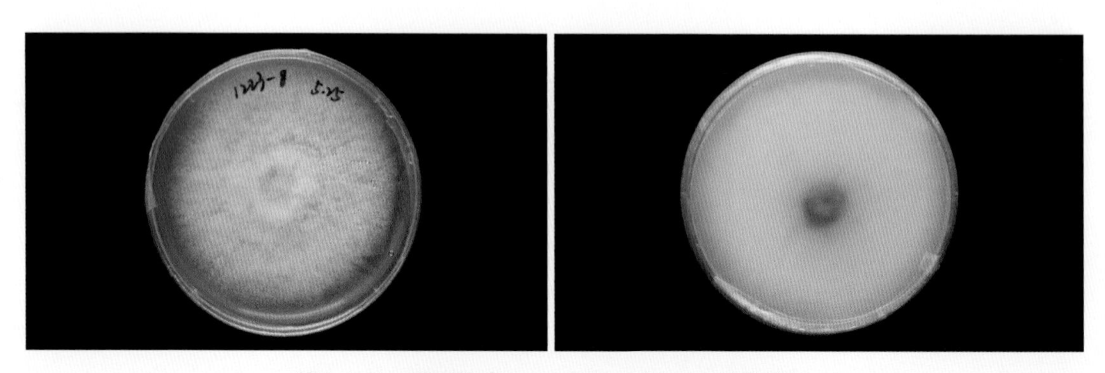

图3.1-4　病原菌（*Fusarium* spp.）PDA培养性状

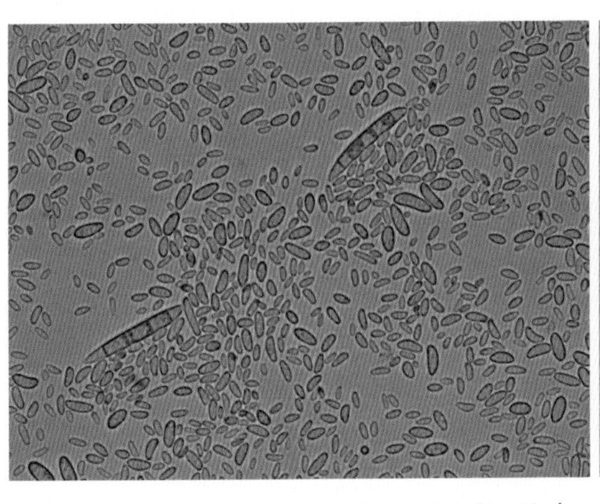
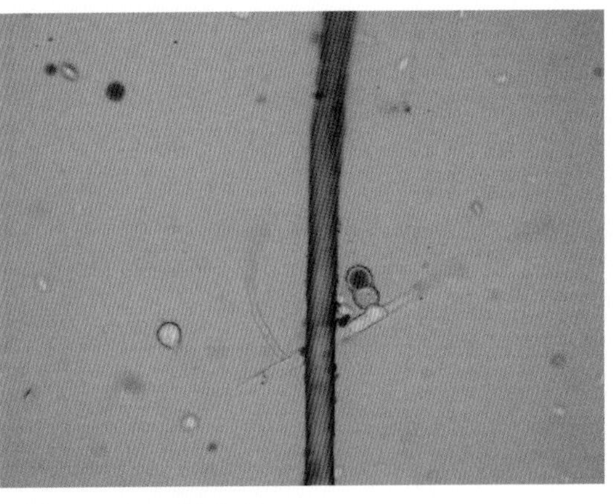

图3.1-5 病原菌（*Fusarium* spp.）显微形态

病原菌菌落形态：在PDA培养基上，最初为白色近圆形菌落，菌丝绒毛状，后分生子座变成橘黄色。

病原菌孢子形态：大型分生孢子镰刀形，3～7隔；厚垣孢子近圆形，从老菌丝体上产生；小孢子椭圆形，0～1隔；菌丝具隔膜。

3.1.3 发病及流行规律

该病主要为害幼苗、幼树的主根、侧根及根颈处。病原菌随病株残体在土壤中越冬。翌年春天通过雨水、灌溉传播。该病3～11月均可发生，高发于春秋两季，病原菌生物学特性表明该属真菌在15～25℃环境中生长最旺盛，环境温度≥30℃或≤5℃时生长缓慢甚至停滞。在土壤过涝、阴湿积水、空气潮湿、通风不良的环境中发生较多。

与健康苗木相比，根部受到机械损伤、正在缓苗期生长不良、受过冻害和涝害的植株更容易发病。

3.1.4 防治方法

（1）加强土壤管理

在温室中育苗时，选择经过灭菌处理的培养基质，并在基质中混入适量河沙或珍珠岩，增加土壤通气透水性。在大田中育苗时，应选择通透性较好的砂壤土，栽植前深耕整地，并根据当地雨水条件和土壤状况做垄。

（2）加强圃地管理

在温室大棚中育苗时，注意适度浇水，及时通风透光。在大田中，应注意雨季及时排水，避免圃地过涝，控制苗木密度，保证苗木通风采光。除草松土等管理措施要避免伤到苗木根部，圃内工具与农田工具分开，从而控制病原菌传播。

（3）施肥管理

注意栽培环境卫生，施用有机肥时必须充分腐熟，偏施钾肥可以促发新根，防止烂根。

（4）病株处理

温室中发现病株后及时挖出，用清水冲洗根部，剪除病根，将根部浸入50%多菌灵可湿性粉剂200倍液中，浸泡杀菌3～5min，再晾晒2～3天，换土栽植。

发病严重的植株应彻底清除，统一带出圃地处理（秦维亮，2011）。

拓展阅读

应用土壤处理技术，可减少土传病害发生。

蘸根法是在苗木出圃后、移栽前用药水浸苗木根部，达到杀死苗木携带的病原菌和其他有害生物或者使苗木吸收农药而达到防止病虫侵害的目的。一般越幼嫩的苗木对药剂越敏感，特别是根部的反应最明显，所以苗木蘸根处理更应慎重，以免造成不必要的危害。

例如，用三环唑药液、乙蒜素（抗菌剂402）药液蘸根可预防一些真菌病害的发生；用赤霉素（920）、萘乙酸、ABT生根粉药液蘸根可促进移栽后生根，提高成活率，减缓植株移植缓苗期综合症。

3.2 立枯病

立枯病为世界性病害，发生地域广，寄主种类多，多种经济作物、园林花卉、林木都可感染该病。木兰科植物中，红花玉兰、白玉兰、望春玉兰、二乔玉兰、紫玉兰、含笑、广玉兰等都可感染。该病主要为害实生苗的基茎和幼根，病部缢缩死亡但不倒伏，因此称为立枯病。

3.2.1 病害症状

该病主要为害实生苗的基茎和幼根部位，幼苗出土后，感染之处受害部位出现小的水渍状斑点，病斑扩大呈菱形或不规则形状。伴随病斑扩展，苗木病部缢缩萎蔫死亡但不倒伏。幼根腐烂，病部淡褐色，具白色棉絮状或蛛丝状菌丝层，即病菌的菌丝体或菌核。

图3.2 田间立枯病症状
（朱仲龙摄于湖北五峰）

3.2.2 病原菌鉴定与形态描述

病原立枯丝核菌(*Rhizoctonia solani*)为半知菌类真菌。初生菌丝无色，后变黄褐色，有隔，粗8～12μm，分枝基部缢缩，老菌丝常呈一连串桶形细胞。菌核近球形或无定形，大小0.1～0.5mm，无色或浅褐色至黑褐色。担孢子近圆形，大小6～9μm×5～7μm。

3.2.3 发病及流行规律

该病主要感染幼苗的根颈部位。病原菌以菌核的形式在土壤、病株残体中存活越冬，条件适宜时从伤口或直接侵入表皮。病原菌借助雨水、灌溉水或人为耕作活动传播，低洼、高湿、排水不良、通风不畅、过度密植的区域容易发生。阴湿多雨的气候条件有利于病害的发生。

3.2.4 防治方法

（1）圃地选择

选择排水灌溉条件好，避风向阳的地块。江苏、湖北等苗圃地要注意雨季及时排涝。

（2）苗期管理

为预防苗期立枯病的发生，可以在猝倒病未发生时喷施500～1000倍液磷酸二氢钾，或1000～2000倍液氯化钙来预防病害发生。

（3）圃地、苗床管理

加强圃地和苗床管理，不要在温室内形成低温高湿且不通风的条件。加强温室苗床的通风，避免温室或大棚内湿度过大；控制灌溉次数，避免苗床上积水；播种均匀，密度不宜过大，盖土不宜太厚；根据土壤湿度和天气情况，及时补充苗床水分，灌溉应在上午进行，且灌溉量不应过大；做好苗床保温工作的同时，多透光、适量通风换气。

发现病株及时铲除，并对原穴进行杀菌处理。

（4）化学防治

播种前苗床处理措施：苗床打足底水，再喷洒恶霜嘧铜菌酯预防，其上撒干燥基质（或筛细干土），然后播种（郑智龙，2013）。

发病初期霜霉威水剂、铜铵制剂都具有较好的防治效果，施用方法和剂量按具体产品说明书执行。发病初期即可用药，每次间隔7～10天，一般施药1～2次。配合用药清除病株及邻近病土。为降低喷药对苗床湿度的影响，喷药最好选择晴朗的上午进行（郑智龙，2013）。

（5）物理防治

在物理植保技术方法中，建立在植物生长环境中的正向空间电场诱导的植物根系与土壤溶液之间的电流能引起水电解生氧反应，降低病害发生率（徐志华，2006）。

3.3 苗猝倒病

猝倒病发生地域广，寄主种类多，多种经济作物、园林花卉、林木、蔬菜等都可感染该病。木兰科植物中，红花玉兰、白玉兰、望春玉兰、二乔玉兰、紫玉兰、含笑、广玉兰等都可感染。该病主要为害实生苗的基茎，发病后幼苗从基茎部倒伏。该病往往成片发生，造成实生幼苗大面积死亡。

3.3.1 病害症状

病原菌感染根颈部位，感染之初受害部位出现小的黄褐色水渍状病斑，渐变成深褐色，病斑扩大呈菱形或不规则形状。该病病势发展迅速，伴随病斑扩展，病处缢缩变细，病部以上部分叶片仍为绿色，茎仍然饱满，幼苗从病处折倒于苗床。最后整株幼苗萎蔫干枯。

苗床湿度大时，病残体及周围床土可见絮状白色菌丝。该病在种子出苗前发生，则引起子叶、幼根及幼茎变褐腐烂。病害开始往往仅个别幼苗发病，条件适合时以这些病株为中心，迅速向四周扩展蔓延，形成一块一块的病区（张平喜，2015）。

图3.3 发生立枯病的望春玉兰幼苗

（尹群摄于湖北五峰）

3.3.2 病原菌鉴定与形态描述

该病主要由鞭毛菌亚门真菌瓜果腐霉菌侵染所致。包括多种引起猝倒的真菌，如腐霉菌（*Pythium*）、立枯菌（*Pellicularia*）、镰刀菌（*Fusarium*）和灰霉菌（*Botrytis*）等。

3.3.3 发病及流行规律

该病主要发生在幼苗出土后、真叶尚未展开前，为害幼苗的根颈部位。病原菌以卵孢子等形式在土壤、残存的病组织中越冬，翌年春天条件适宜时卵孢子萌发，借助雨水或灌溉接触幼苗，并通过芽管萌发或形成孢子囊的方式侵染幼苗（张刚，2018）。病原菌借助雨水、灌溉水或人为耕作活动传播，低洼、高湿、排水不良、通风不畅、过度密植的区域容易发生。

病原菌可在10℃左右生长，在15～20℃条件下繁殖最快。当春季苗床温度低，湿度大，幼苗长势较弱时容易发病，尤其在局部滴水的温室内，很容易发生猝倒病。室外育苗应注意春季湿度大、光照不足的连续阴雨天气。待皮层木栓化以后，真叶长出，红花玉兰苗木逐渐进入抗病阶段。

该病发生往往成片，出现苗木根颈部腐烂，苗木倒伏死亡。

3.3.4 防治方法

（1）圃地选择

选择排灌条件好、避风向阳的地方育苗。江苏、湖北等苗圃地要注意雨季及时排涝。

（2）苗期管理

参照苗期立枯病管理方法。

（3）圃地、苗床管理

加强圃地和苗床管理。适时通风，避免低温高湿条件出现，不要在阴雨天浇水，并防止大棚膜滴水。控制播种密度，并根据土壤湿度和天气情况，及时补充苗床水分，灌溉应在上午进行，且灌溉量不应过大；床土湿度大时，撒干细土降湿；做好苗床保温工作的同时，多透光、适量通风换气（司越，2005）。

发现病株及时铲除，并对原穴进行杀菌处理。

（4）化学防治

播种前苗床处理措施：苗床打足底水，再喷洒恶霜嘧铜菌酯预防，其上撒干燥基质（或筛细干土），然后播种（郑智龙，2013）。

发病初期霜霉威水剂、铜铵制剂都具有较好的防治效果，施用方法和剂量按具体产品说明书执行。发病初期即可用药，每次间隔7～10天，一般施药1～2次。配合用药清除病株及邻近病土。为降低喷药对苗床湿度的影响，喷药最好选择晴朗的上午进行（郑智龙，2013）。

4 非侵染性病害

4.1 日灼病

日灼是玉兰夏季普遍发生的非侵染性病害，各栽培区均有不同程度的发生。危害叶片和嫩枝，可导致叶片干枯、失绿，影响苗木长势和观赏价值。

4.1.1 症状

该病高发于夏季高温干旱天气，多发生在苗木的顶梢嫩叶、嫩枝上，叶片持续一段时间受强日光照射，从而导致叶组织坏死，叶片开始萎蔫失绿下垂，后期叶片大面积失水焦枯，严重时整片叶片焦枯，但叶片短期内不脱落。受害部分易继发腐生菌感染。

移栽后的大苗如保护不当，也容易在主干向阳面出现条状褐色斑块，后期斑块开裂，树皮与木质部分离。

图4.1-1　红花玉兰午后梢头日灼并伴有刺吸害虫危害
（尹群摄于湖北五峰、湖北当阳、北京海淀）

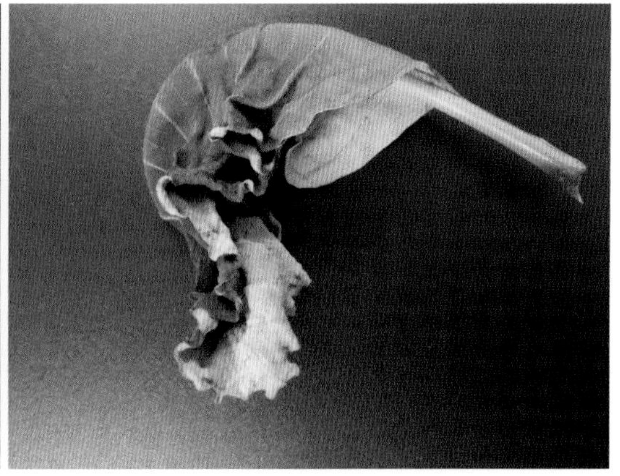

图4.1-2 红花玉兰午后叶片焦枯（伴有刺吸害虫危害）

图4.1-3 望春玉兰大苗主干日灼（整株和局部）
（尹群摄于湖北五峰、河南邓州）

4.1.2 病因

该病发生在夏季高温季节，为烈日灼伤所致，是生理性病害。

4.1.3 发病规律

烈日照射时间越长、温度越高，枝梢、叶片灼伤情况越严重。日光对叶片的垂直照射比斜射造成的伤害更大，因此该病正午及午后发生严重。

在枝干上，冬季或早春白天日照强烈，苗木表皮昼夜温差较大时也容易出现日灼。

4.1.4 防治方法

（1）加强管理

小苗床和温室应该注意遮阴，及时调整遮阴强度和遮阴时间。对于没有遮阴条件的大田，应增加供水量，注意抗旱补水，且补水需在早上进行。有条件的苗圃可在中午前后喷水以防止日灼的发生。

（2）树干保护

将树干涂白，或将稻草绳缠于树干上，以减少树皮对热量的吸收。

（3）化学防治

树干喷洒0.1%的硫酸铜液，以增强抗热性，或喷洒27%高脂膜乳剂80～100倍液。

4.2 缺铁性黄化病

玉兰黄化病是一种缺铁引起的生理性病害，该病与圃地土壤和灌溉水的酸碱度密切相关。该病危害范围广，在杜鹃花、栀子、茶等植物上都有发生。木兰科植物中的广玉兰、望春玉兰、红花玉兰等多种玉兰都有黄化病发生的记录。

4.2.1 症状

最先发生在顶梢的嫩叶上，叶肉渐渐变成黄色至乳白色，叶脉仍为绿色，随着病情发展全叶变黄色至乳白色，叶边缘变褐色甚至坏死。发病重的顶部叶片干枯，病叶易脱落。病株新梢生长缓慢，节间短或枯梢，幼苗更为明显（方建民，2006）。发生黄化病的苗木往往较矮小，长势较弱甚至死亡。

图4.2 发生黄化病的玉兰苗木

（左：望春玉兰，湖北五峰 右：红花玉兰，北京海淀，尹群摄）

4.2.2 病因

该病为缺铁引起的一种生理病害。

4.2.3 发病规律

该病主要发生在石灰质土壤或长期用偏碱性灌溉水的地区。土壤中缺铁与土壤pH关系密切，土壤pH5～6时，苗木生长基本正常，当pH＞7.2时，苗木出现黄化，随着pH值增加苗木黄化症状愈严重（方建民，2006）。

天气干旱，水分大量蒸发，盐分上升至土表，或地势低洼排水不良，盐分积累于土表等加重土壤碱化程度的因素，都会导致土壤中可溶性二价铁变成难以被植物利用的三价铁，从而导致植株发生缺铁病。

该病早春即发生，至初秋发病率最高。

4.2.4 防治方法

（1）土壤改良

降低碱性土壤pH值，使其适度酸化。可参考的方法有：把硫酸亚铁施入开好的沟内，并加腐熟的饼肥再盖土。

（2）苗木补铁

可用0.2%～0.3%的硫酸亚铁浇灌根系，地上部分用纯硫酸亚铁0.1g、乙二胺四乙酸二钠0.14g溶于500ml水中配成溶液，每隔3～5天均匀喷撒于叶面、叶背，连续喷洒3～4次，可使苗木恢复正常生长。也可在苗木基部皮层下埋入绿豆粒大小的硫酸亚铁，再用塑料薄膜包扎，有利于铁元素直接吸收（方建民，2006）。

（3）肥料选择

忌施草木灰、蘑菇肥等碱性肥料。

（4）圃地选择

圃地应选择湿润向阳、腐殖质丰富的偏酸性土壤种植。

4.3 缺硫症

玉兰缺硫症是一种生理性病害，该病与圃地土壤缺少硫元素造成。该病危害范围广，栀子、苹果、橘子等均可受害。木兰科植物中的广玉兰、望春玉兰、红花玉兰等多种玉兰都有缺硫症发生的记录。严重时叶片产生枯死斑并脱落，不利于植株生长与开花。

4.3.1 症状

受害植株先自新梢嫩叶开始失绿变黄，叶脉比叶肉先变黄，病叶小于正常叶片，严重时叶脉基部及叶片基部变为黄褐色，甚至出现坏死斑。病害叶片易脱落。一般枝条上部新叶发病，下部老叶保持正常叶色。

图4.3 缺硫症红花玉兰的叶片
（尹群，摄于湖北五峰）

4.3.2 病因

缺硫（S）

4.3.3 发病规律

一般枝条上部新叶发病，枝条下部老叶不发病。叶脉先变黄而叶肉仍保持绿色。

叶片正常含硫量约为0.1%～0.5%，当小于0.1%叶片开始表现缺硫症状，大于0.5%则过量。

4.3.4 防治方法

（1）土壤施肥

绿肥、厩肥、饼肥、有机肥等结合施用，可适当补充一些石膏或者石硫合剂残渣等含硫的矿物质。

（2）叶面施肥

叶面喷洒0.1%硫酸锌（或硫酸锰、硫酸钡）等硫酸盐类溶液。

4.4 越冬抽条

越冬抽条是北方地区经常发生的季节性生理病害。望春玉兰、紫玉兰、二乔玉兰等木兰科植物均可发生，尤其以正在引种的红花玉兰发生严重。越冬抽条是由于幼龄苗木越冬性不强，冬季经常遭受低温风害导致枝条脱水。

4.4.1 症状

苗木冬季或初春由于越冬性不强，出现枝条脱水、皱缩、干枯的现象。常发生于树体中上部，严重时全部枝条枯死，轻者虽然春季能正常萌发，但容易造成树形紊乱、偏冠等现象。

图4.4-1　红花玉兰早春抽梢

（尹群摄于北京海淀）

4.4.2 病因

一些低龄苗木或者红花玉兰等南方玉兰品种移植到北方后，越冬驯化不完全，难以适应北方寒冷干燥的冬季气候，往往会发生抽梢。

幼树越冬抽梢是由冻、旱造成的。北方冬季温度低，土壤低温持续时间长，根系吸水困难，而地上部分在早春温度高、干燥多风的条件下蒸腾作用加强，从而导致枝条逐渐失水干枯。

4.4.3 发病规律

北方的冬季和早春发生。南方引种到北方的苗木、低龄苗木发生严重。树体中上部的枝梢发生严重。

4.4.4 防治方法

（1）圃地选择

应选背风向阳的山丘缓坡地、平地。土壤选择中性的保水透气性好的肥厚壤土，这样的圃地小气候有利于提高土壤温度，提高根系吸收水分的能力，从而达到抗抽条的作用。

（2）苗木管理

合理管水管肥，促进枝条前期生长，防止后期徒长；促使枝条成熟，增强其抗性，就是常说的“促前控后”的措施，同时要注意防治病虫害。

（3）物理防护

搭防风帐：防风帐一般分为圃地外围大防风帐和圃地行间带状防风帐。大防风帐一般搭建于圃地的上风口，通常搭东、西、北三面，也可根据实际圃地小地形确定具体方向。以竹竿、水泥桩或钢架做架子，立柱间隔1m左右，架高2m左右，横向固定竹竿加固。将防寒布以细铁丝固定在架子上，防寒布接口处注意固定坚固，以防灌风。带状防风帐是大防风帐的补充。将两卷防寒布同时从前后两侧裹住一排苗木，并用细铁丝固定每株苗木和两片防寒布。苗间距大的，注意将苗间防寒布的上接口密封严，防止灌风。带状防寒布一般高70cm左右，防寒布下侧结合培土法固定。

培土埂：一般结合防寒布的底端固定。没有条件搭建防风帐、裹缠防寒布的苗圃也可用该法保护越冬的小苗，但对株高较大的苗木防寒效果微弱。

裹防寒布：有条件的苗圃可对珍稀的苗木、第一年移栽的苗木进行单株重点防寒。将防寒布裁成条状，螺旋裹缠树体，并用细铁丝在接口处固定，防止灌风。防寒布外侧再裹一层塑料地膜，并用胶带裹缠封口，防止缝隙灌风。株高较低的苗木可以全株裹缠，较高的苗木裹缠至1.5m左右。苗木基茎部注意培土，培土应压住防寒布最底端。

此外还可以打桩裹防寒布，围绕苗木呈三角形打桩，将防寒布裹缠于木桩上，并注意顶部封口固定好，防止顶部灌风。这种方法可以有效避免春季捂芽，防寒效果较好，但是费时费工。

（4）早春灌溉

根据圃地的气温状况，在气温回升至0～5℃、苗木根系开始活动后及时浇返青水，根据当地降水情况掌握灌溉量，确保返青水浇透（持水深度≥60cm）。对于突然出现高温的地区，为了避免因发芽早而发生冻害，也应尽早浇返青水。

图4.4-2　北京鹫峰苗圃的防寒措施
（尹群摄于北京海淀）

4.5 苗木（霜）冻害

北方多见。主要发生于早春和晚秋，有时秋季也发生，常伴随寒流发生。在落叶的木兰科植物中为害广泛。霜冻可使叶缘、叶片、嫩梢缺刻、焦枯。秋季没有充分木质化的植株可能被整株冻死。

4.5.1 症状

叶缘、叶片、嫩梢受冻后失水焦枯，没有展开的嫩叶被冻伤，待生长后叶片皱缩不能展开，且叶片边缘缺刻（如果是病毒引起的皱叶病，则叶片皱缩但边缘完整，没有缺刻）。秋季没有充分木质化的植株可能被整株冻死。

4.5.2 病因

早春和晚秋温度骤然下降到一定的临界值，使苗木在生长期受到冻害。当植株体内温

图4.5-1 红花玉兰春季霜冻害
（尹群摄于湖北当阳、河南邓州）

图4.5-2 冻害后皱缩缺刻的叶片
（尹群摄于河南邓州）

度降低至0℃以下时，植株体内细胞脱水结冰，导致生理干旱，使植物体受到损伤或死亡，从而遭受霜冻危害。当植株解冻时，细胞间隙的冰融化成水，然后很快蒸发，造成原生质失水，植物生理干旱而死。

4.5.3 发病规律

该病主要发生于春秋两季，春季低温来得越晚、秋季低温来得越早，温度越低、持续时间越长，对苗木的伤害就越大。地势高低也与霜冻发生程度相关，一般“春冻梁，秋冻洼”。

根据霜冻的发生原理，一般将霜冻分为平流霜冻、辐射霜冻和混合霜冻。平流霜冻：高纬度强冷气流南下造成的霜冻，常见于大部分北方地区的早春和晚秋，以及华南和西南的冬季。辐射霜冻：在晴朗无风的夜晚发生，地面因强烈辐射散热而出现低温。混合霜冻：先因高纬度强冷气流南下入侵，导致气温急降，风停后夜间晴朗，辐射散热强烈，气温再度下降，造成霜冻，这种霜冻是最为常见的一种霜冻（崔读昌，1993）。混合霜冻的发生往往伴随剧烈的降温，且空气干冷，苗木很容易受到冻害，严重时萎蔫死亡。

4.5.4 防治方法

（1）关注天气

苗圃管理者应及时关注天气变化，尤其是早春和晚秋的天气变化，提早做好预防措施。

（2）烟雾防冻

在霜冻发生前，于圃地上风位置堆放柴草、锯末、牛粪等，点燃放烟，使烟雾顺风笼罩圃地，可减轻霜冻。但是该方法要注意野外用火安全，且污染空气。

（3）灌水防冻

灌水可增加近地面层空气湿度，利用水的热容保护地面热量，提高空气温度。对于面积较小的圃地可以采用喷水法减缓霜冻发生，在霜冻来临前1h，利用喷灌设备不断向苗木上空喷水，效果较好。

（4）苗木养分管理

在寒潮高发季节，密切关注天气情况，在寒潮来临前3～4天及时补充有机肥，以半腐熟的有机肥最佳。入冬后，可用石灰水将树木、苗木的树干刷白，以减少散热（徐志华，2006）。

拓展阅读

用半腐熟的有机肥做基肥，可改善土壤结构，增强其吸热保暖的性能。也可利用半腐熟的有机肥在继续腐熟的过程中散发出热量，提高土温（徐志华，2006）。

4.6 花部霜雪冻害

北方及海拔较高的种植区域多见，主要发生于早春，常伴随寒流发生。该病害常发生于开花较早的红花玉兰等木兰科植物中。受霜雪冻坏的花朵变黄、萎蔫，大大降低了植株的观赏价值。

4.6.1 症状

花被片受霜雪冻害后组织失水，褪色干枯，严重时枝头整朵花被落雪压掉。

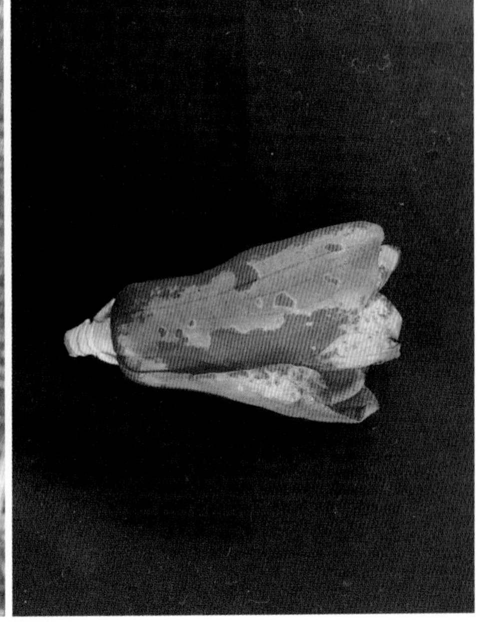

图4.6-1 湖北五峰受害的红花玉兰

4.6.2 病因

生理病害，开花后出现寒潮造成。

4.6.3 发病规律

伴随早春寒潮发生。北方地区、海拔较高的地区发生严重。外层的花被片受害较严重。

4.6.4 防治方法

若为霜冻，参考4.5防治方法部分。

若为雪害，应关注早春天气，及时做好防寒准备，有条件的苗圃搭建防雪棚，及时除去花被片落雪。

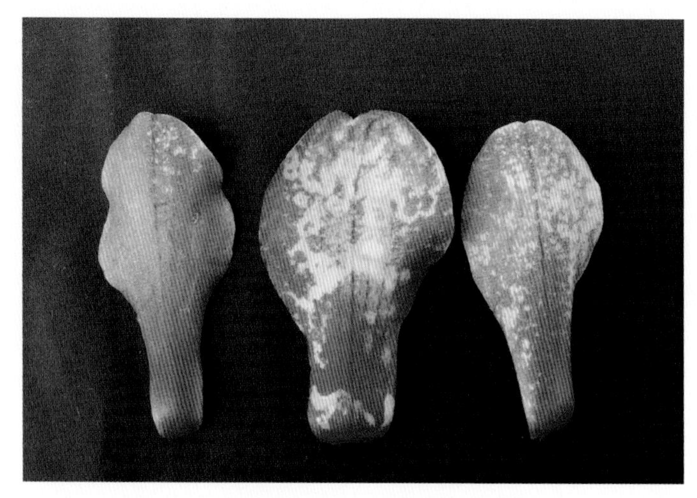

图4.6-2　湖北五峰受害的红花玉兰花被片
（尹群摄于湖北五峰）

4.7 药害

各地均可发生，可危害各种木兰科植物，由人为养护不当引起。轻则可致植株、叶面、花冠、嫩茎上出现黑色、黄褐色、灰白色等不同颜色的斑点，重则出现大量落叶、枯枝甚至全株萎蔫死亡。

4.7.1　症状

叶片上可出现黄褐色或黑色不规则形斑，有的叶片上出现白色、灰白色褪绿斑，有的叶片蒙一层灰白色药粉状物；嫩茎上出现黑褐色或灰白色长条形斑；顶芽、顶梢枯死或苗木枝干变形严重，影响树势。药害产生的症状一般不能逆转。

图4.7-1　受除草剂灼伤的玉兰苗木
（尹群摄于湖北当阳）

图4.7-2 受高浓度整形素药害的红花玉兰
（尹群摄于北京海淀）

4.7.2 病因

施用农药防控病虫害时，施药方法不当，主要有以下几个方面：

（1）局部浓度过大

药剂喷布或埋施、浇灌不匀，造成局部药液浓度过大，或者喷施、埋施、浇灌药液时，药液浓度过大，或用量过大。

（2）药剂配制不当

药液不匀，施用后接触植物体表面浓度不均。

（3）施药时机不当

在高温条件下、或雨天、雾天喷药。

（4）农药选择不当

未对症选择合适药物，或未选择正规厂家出产的合格的药物。

4.7.3 发病规律

施药时气温愈高，高温持续的时间愈长，药剂浓度愈大、用药量愈大、植物组织愈幼嫩，受药害的程度愈大，损失愈严重。

4.7.4 防治方法

（1）规范用药

根据植株病虫害选择正确的药品。应通过正规途径购买正规厂家生产的合格药品。喷药时按药品说明书操作，规范使用方法、配置浓度和喷药频率，不能随意调整配比。喷施药品时应确保药品充分溶解并搅拌均匀。

（2）喷药时间

掌握好施药时间。一般应于天气晴朗的上午10:00前、下午16:00后进行喷洒，不要在炎热的10:00～16:00喷药，也不要在阴雨天、雾天喷药。

（3）药害处理

施药后留意植株反应，如果发现有药害症状，应迅速用大量的水喷淋、灌溉，以稀释药品浓度减轻药害。

4.8 移植缓苗期综合症

各种针阔叶树木移植于公园、绿地、街道、公路两旁以及平原、荒山造林后都可发生该症，轻则生长缓慢，重则植株枯死，使植树造林失败。

4.8.1 症状

苗木移植后的1～2年内生长缓慢，树干容易发生溃疡病、枝腐病等；春季不发芽不抽新梢或抽出很少，新根少；夏季容易发生炭疽病、黑斑病等侵染性病害，以及日灼萎蔫等非侵染性病害；全年生长势极度衰弱，甚至慢慢枯死。

有时幼苗圃内间苗移栽后也可发生移植缓苗期综合症。

图4.8-1 移植苗木（左：缓苗期综合症苗木 右：生长良好的苗木）

（尹群摄于云南大理）

4.8.2 病因

生理病害。苗木移栽后由于树体离开原圃地，且在起苗、运输至栽植过程中根系受损，树皮受伤，风吹日晒，树体失水；栽植时选地不当，树坑过小，栽植方法欠妥，假植过程操作不当，根系不舒展，栽后浇水不及时等都会引起移植缓苗期综合症。

4.8.3 发病规律

起苗时树龄大、根系损失多、树干伤口多、苗木运输时间长、水分损失严重时该病亦重。而采用根系带土球移植，适当截枝、截干，栽时挖大坑换好土，栽后即时浇水，科学加强管理，树势恢复快，缓苗期短，该症轻，甚至不表现症状。

图4.8-2 缓苗期苗木
（尹群摄于云南大理）

4.8.4 防治方法

（1）确定适宜引种区

因地制宜引进品种，合理栽植。栽植前要认真进行规划设计，根据当地的气候、土壤、水分等条件，选择适宜的栽植区域和苗圃地，根据栽植地自然条件引入合适的品种。红花玉兰等南方品种引入时要注意防寒、防风，避免冻害发生。

（2）严格选苗

对苗木产地进行考察，不采购重茬苗，以及病虫严重、瘦弱的苗木以及徒长的“肥水苗”。

（3）苗木移植

起苗时根系尽量保持完整，大苗根部要带土球并用草绳捆扎。不带土的苗木，栽植前要将其根部在水池浸泡24h，有条件的蘸生根粉，以提高成活率。大苗移栽时植树坑要足够大，并清除坑内石块、残根，有石灰、水泥等建筑垃圾的要换入疏松肥沃的好土。栽后立即浇足水，待地表泛白时，疏松土壤保持水分，以后要根据需要适时浇水。干旱地区水源缺乏，可于栽植时浇水，并施入保水剂，地面再覆盖塑料薄膜。

（4）移植后管理

移植后适时浇入钾肥以促发新根。对大苗树干1.5m以下涂白，减少日灼和病虫害。栽植后前两年应勤检查苗木病虫害情况，及时对症防治。对长期长势弱的苗木应重点关注，留意其根系发展情况，及时查明原因。

（5）土壤改良

砖石较多的圃地应提前清理，换入肥沃的好土。

土壤碱性大的圃地要挖沟排碱或灌水压碱，结合浇水浇灌0.5%硫酸亚铁溶液以降低土壤pH值。

土壤严重板结、团粒结构不好的，要掺沙改土，或分多次逐步换入好土。

第二部分
虫害及其防控

1 食叶害虫

1.1 刺蛾

别称：洋（亦作‘痒’）辣子、毛辣子、八街毛子、触子毛、巴夹子

学名：Limacodidae（科名）

分类：鳞翅目，刺蛾科

寄主：红花玉兰、白玉兰、望春玉兰、紫玉兰等多种木兰科植物。

分布区域：全国大部分地区均有分布。

为害特点：是红花玉兰上常见的食叶害虫，具有爆发潜能，在全国红花玉兰种植基地均有发生。幼虫啃食叶片，低龄幼虫集群危害，只咬叶肉；大龄幼虫分散危害，从叶片边缘开始啃食，造成叶片缺刻，甚至仅剩叶柄，严重影响树势。

（刺蛾是鳞翅目下的一个科，大约有500种，下文将以红花玉兰上发生最严重的褐边绿刺蛾作为重点进行介绍。）

1.1.1 形态特征

刺蛾科成虫一般虫体粗壮，翅通常短而宽。幼虫蛞蝓状，头部缩在胸内。身体布刺，没有腹足（唐志远，2008）。

褐边绿刺蛾成虫体长约15mm，翅展约30～40mm。头和胸部绿色，复眼黑色，雌蛾触角褐色、丝状，雄蛾触角单栉尺状，基部2/3为短羽毛状。胸部中央有1条暗褐色背线。前翅灰褐色，散布雾状暗紫色鳞片，2条暗褐色横线，中线外拱，内侧较暗，外衬灰白边，外线较直，外侧较暗，外线与臀角间有1个紫铜色梯形斑；内缘线和翅脉暗紫色，外缘线暗褐色。前足腿节基部有一横列白色毛丛。雌蛾体色与斑纹较雄蛾淡（徐志华，2006）。

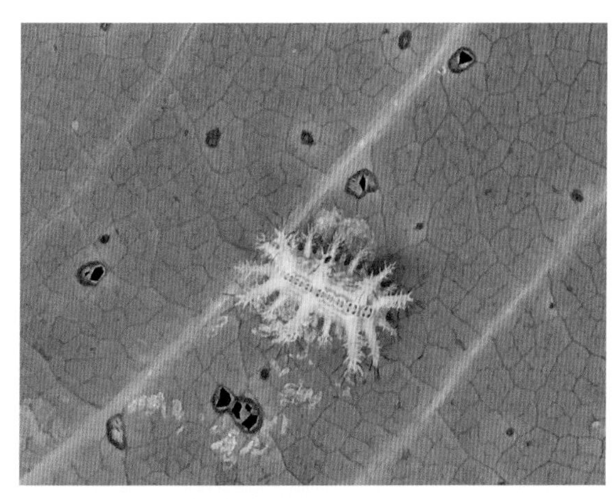

图1.1-1　褐边绿刺蛾（尹群摄于江苏金坛）

图1.1-2　刺蛾幼虫（正面、侧面）
（尹群摄于湖北五峰）

卵扁椭圆形，长1.5mm，初产时乳白色，渐变为黄绿至淡黄色，数粒排列成块状。

幼虫身体呈方圆柱状。头小，常缩于胸前。体黄绿色至绿色。前胸盾上有2个横列黑斑，背线蓝色，亚背线部位有10对刺突，气门刺下方有8对刺突。刺突生有毒毛，腹部末端的4个毛瘤上生蓝黑色刚毛丛，呈球状。腹面浅绿色。胸足小，无腹足，每腹节中部有一个扁圆吸盘。

蛹长约13mm，椭圆形，肥大，黄褐色。蛹茧长约15mm，椭圆形，坚硬，暗褐色，茧表面布满黑色丝或毒毛，多在树下土层或枯叶中。

图1.1-3　褐边绿刺蛾幼虫与被啃食的叶片
（尹群摄于湖北当阳半月镇）

1.1.2　生活习性与发生规律

一年发生1至2代，老熟幼虫结成茧在浅土层越冬。华北（以北京观测数据为例）地区5月下旬开始化蛹，6月上旬到7月中旬羽化。羽化后开始交尾产卵。一般6月下旬初见幼虫，幼虫孵化后成群为害，啃食寄主植物的叶肉，被害叶片出现透明斑；大龄幼虫逐渐分散为害，咬食叶片成缺刻状甚至吃光全叶。8月为害重。

成虫有趋光性，夜间活动，白天隐藏在茂密枝叶或草丛中（王凤，2008）。

1.1.3 防治方法

（1）圃地管理

保持圃地卫生，及时清理杂草与修剪下来的枝条，冬季清园，以消灭越冬虫体，减少来年虫源。

（2）生物防治

秋冬季摘取虫茧，放入纱笼，引放寄生蜂、紫姬蜂、寄生蝇；或用白僵菌在空气湿度足够的条件下可有效防治1～2龄幼虫。

（3）物理防治

人工捕杀：在6～7月、8～10月（不同地区根据虫害发生代数而不同）幼虫集群危害时，人工捕杀，集中消灭幼虫。

利用成虫的趋光性，在6～8月盛蛾期，设诱虫灯诱杀成虫。

（4）化学防治

幼虫发生期，及时喷洒90% 晶体敌百虫、50 %马拉硫磷乳油、25 %亚胺硫磷乳油。此外还可选用50%辛硫磷乳油1400倍液等进行防治。

拓展阅读

食叶害虫常用化学防治药剂及其推荐浓度（参考具体产品说明书使用）：

（1）21%灭杀毙乳油6000～8000倍液

（2）50%氰戊菊酯乳油4000～6000倍液

（3）20%灭扫利乳油3000倍液

（4）20%氰马或菊马乳油2000～3000倍液

（5）2.5%功夫乳油2000～4000倍液

（6）2.5%天王星乳油4000～5000倍液

（7）80%敌敌畏1000～2000倍液

（8）25%马拉硫磷1000倍液

（9）5%卡死克乳油1000～5000倍液

（10）5%农梦特2000～3000倍液

（11）2.5%灭幼脲1000倍液

喷施间隔7～10天为宜。

1.2 樗蚕蛾

学名：*Philosamia cynthia*

分类：鳞翅目，大蚕蛾科，蓖麻蚕属，樗蚕蛾

寄主：红花玉兰、紫玉兰等多种木兰科植物。此外，苗圃周边的臭椿（樗）、乌桕、

银杏、喜树、刺槐、柳等植株也是该虫常见寄主。

分布区域：东北、华北、华东、西南各地。

为害特点：是红花玉兰上的食叶害虫，目前该虫害只在湖北五峰种植区发现，在华北、华东地区具有爆发潜能。低龄幼虫集群为害，3～4龄幼虫食量变大，分散危害。幼虫啃食玉兰苗木叶片和嫩芽，昼夜不停，迁移能力较强。轻者造成叶片缺刻或空洞，严重时将整个叶片啃光。是具有潜在爆发性的食叶害虫。

1.2.1　形态特征

成虫体长约25～33mm，体、翅暗褐色。雌虫体长稍大于雄虫。身体主要为白色，其中间有断续的白纵线。前翅褐色，顶角宽圆，粉紫色，具1黑色眼状斑，斑上部边缘白色。前、后翅中央各具一新月形斑，斑外侧具一条纵贯全翅的宽带。

图1.2　樗蚕蛾幼虫
（朱仲龙摄于湖北五峰）

卵椭圆形，稍扁，灰白色或淡黄白色，有少数暗斑点。

幼龄幼虫淡黄色，有黑色斑点。中龄青绿色，全身具有一层白粉。老熟幼虫虫体粗大，头部、前胸、中胸对称棘状突起，亚背线的凸起之间有黑色小点。胸足黄色，腹足端部黄色。

蛹椭圆形，棕褐色，长26～30mm，宽14mm（林焕章，1999）。

1.2.2　生活习性与发生规律

一年发生2～3代，以蛹藏于厚茧中越冬。成虫飞行能力强，寿命约5～10天，并具有趋光性。雌虫常将卵产于叶背和叶面上，卵块聚集成堆。初孵幼虫具有集群性，3～4龄后随着食量变大，活动能力增强，逐渐分散为害。幼虫啃食苗木的叶片和嫩芽、嫩枝，造成叶片缺刻甚至将叶片全部啃光。老熟幼虫在树上结茧。7月底8月初第一代成虫羽化产卵。9～11月第二代幼虫初孵，开始危害。

1.2.3 防治方法

（1）物理防治

人工捕捉：在卵期或蛹期可组织工人将其摘除。

灯光诱杀：利用成虫的趋光性，利用黑光灯集中诱杀成虫。

（2）化学防治

幼虫密集为害期，可用90%的敌百虫1500～2000倍液、20%敌敌畏熏烟剂、除虫菊剂或鱼藤精等进行防治。或者以3%高渗苯氧威乳油3000倍液、90%敌百虫800倍液。药品用法和用量参考具体产品说明书。

拓展阅读

西维因属氨基甲酸酯类农药，该类农药种类多选择性强、防治效率高、毒性低且易分解和残毒少，现阶段广泛应用于在农业、林业和牧业等方面。

该类农药一般在酸性条件下较稳定，遇碱易分解，暴露在空气和阳光下易分解，在土壤中的半衰期为数天至数周，使用时应注意操作避免其分解。

1.3 褐带蛾

别称：黑胸带蛾、轨带蛾

学名：*Palirisa cervina*

分类：鳞翅目，带蛾科，褐带蛾属，褐带蛾

寄主：红花玉兰、望春玉兰

分布区域：分布于中海拔山区。国外印度、缅甸、越南以及我国四川、湖南、台湾等地有为害记录，本书首次记录了湖北地区褐带蛾的发生为害情况。

为害特点：是红花玉兰上的食叶害虫，目前仅在湖北五峰王家坪基地低洼处发现。幼虫常出现在叶片背面，啃食叶片。大龄幼虫体型大、食量大，红花玉兰叶片常常几分钟内被啃完，仅留叶脉，严重时还会食害嫩梢和树皮，影响树势。

1.3.1 形态特征

成虫翅展65～100mm，翅面灰褐色，翅型宽圆，停栖时翅略长，前翅有2条水平的褐色横带，第2列横带下方有灰褐色的椭圆斑，外缘至臀角弧圆。具有趋光性。主要分布于中海拔山区，幼虫黄色，体侧毛端黑色，休息状态下通体黄色，爬行时背部绒毛向上竖立，端部黑色。遇到侵扰时会将各体节绒毛展开露出黑色斑纹恐吓天敌。

1.3.2 生活习性与发生规律

我国大多数地区一年发生1代，以蛹越冬，7月初始见成虫，7月下旬到8月上旬进入成虫羽化盛期。

成虫有趋光性，一般黄昏后开始活动。夜间进行交配和产卵。卵常产于寄主植物叶背或嫩枝上，通常卵集中成一个卵块，卵块单层。雌虫产卵后死去。卵期8～12天，有的长达半个月以上。

初孵幼虫先将卵壳啃食，然后从卵的顶端钻出。1～2龄幼虫往往集群为害，聚集在寄主叶片背面进行取食，受惊后吐丝下垂。3龄后食量增大，集群危害，白天潜伏于寄主植物背阴处，黄昏后成群整齐爬上树冠取食，黎明前成群下移。随着虫龄增大，栖息高度下降，最终降至苗木基茎处。寄主叶片常常被啃食至缺刻，或者仅留叶脉，严重时苗木嫩枝和树皮也被啃食。幼虫蜕皮5～6次，蜕皮前后活动量和食量减少。10月中下旬至11月上旬，老熟幼虫就在树洞、枯落叶层、石缝、草丛中化蛹越冬。

图1.3-1　叶片上的褐带蛾幼虫
左图：休息状态下　右图：爬行时背部绒毛向上竖立，端部黑色
（尹群摄于湖北五峰王家坪）

图1.3-2　受惊扰的褐带蛾幼虫各体节绒毛展开露出黑色斑
（尹群摄于湖北五峰王家坪）

图1.3-3　褐带蛾幼虫啃食红花玉兰叶片，体型较大，食叶速度快

1.3.3 防治方法

（1）圃地管理

①冬季、春季及时清园。清理圃地内的枯枝落叶、杂草石块，以消灭越冬虫蛹，减少来年虫源。

②保护、利用圃地内的天敌昆虫，例如寄生蜂、螳螂等。

③在卵期和低龄幼虫期人工摘除带卵块或幼虫的叶片。9～10月，高龄幼虫下到苗木基部时及时巡查，一旦发现可集中捕杀。

（2）物理防治

灯光诱杀：利用成虫的趋光性，每年7～8月成虫发生盛期，安装黑光灯或白炽灯，进行诱杀。

（3）化学防治

化学防治可应用于各龄幼虫。可于幼虫集群危害时，喷施90%晶体敌百虫1000～1200倍液、50%杀螟松乳油1200～1500倍液、50%辛硫磷乳油1000～1500倍液、50%敌敌畏乳油1000倍液、50%马拉硫磷1000～1500倍液等，均可收到良好的防治效果，施药方法参见具体产品说明书。

1.4 枯叶蛾

别称：幼虫俗称毛虫

学名：Lasiocampidae（科名）

分类：鳞翅目，枯叶蛾科

寄主：红花玉兰、白玉兰、望春玉兰等多种木兰科植物。

分布区域：分布于华北、华东地区及东北地区。

为害特点：是红花玉兰上的食叶害虫，目前仅在湖北五峰种植基地发现。幼虫体表多毛，俗称“毛虫”，啃食叶片，环境适宜时常大量发生成灾，是潜在的重要食叶害虫。

1.4.1 形态特征

枯叶蛾是一类中、大型蛾子，后翅肩叶发达，静止时形似枯叶，喙不发达，下唇须特长，向前直伸，雌雄触角均为双栉形。幼虫通常全身被毛，体型中等。

1.4.2 生活习性与发生规律

一般1年发生1代，以低龄幼虫在树枝上及枯枝落叶层中越冬。幼虫夜间取食，白天静止隐藏于枝干上。初孵幼虫往往集群为害，虫龄增加后逐渐散开为害。幼虫老熟后吐丝结茧（朱弘复，1979）。

幼虫食性较杂。

图1.4　玉兰叶片上的枯叶蛾幼虫
（尹群摄于北京鹫峰）

1.4.3　防治方法

（1）圃地管理

结合修剪、除草、冬季清园、松土，破坏地下的蛹茧，从而减少下代的虫源。在幼虫集群危害时，人工捕杀，集中消灭幼虫。

（2）物理防治

在成虫爆发期用黑光灯集中诱杀。

（3）化学防治

在幼虫孵化盛期喷施90%敌百虫800～1000倍液或4.5%高效氯氰菊酯乳油1500倍液。

1.5 宽尾凤蝶

别称：大尾凤蝶、中国宽尾凤蝶

学名：*Agehana elwesi*

分类：鳞翅目，锤角亚目，凤蝶科，宽尾凤蝶属，宽尾凤蝶

寄主：主要为木兰科植物，五峰红花玉兰上发现天然种群。

分布区域：四川、陕西、湖北、江西、浙江、福建、广东、广西，为中国特有种。

为害特点：仅在湖北五峰红花玉兰基地发现，幼虫食叶，1～2龄幼虫取食叶片后，叶片留有大小不一的食痕，3～5龄幼虫食量大增，体长、体重增长也较快，常从叶缘取食深至主脉，后转移至叶缘重新开始取食，直至取食完约1/3叶片后，方才转移取食场所，喜食叶片的中部，极少见其取食叶尖部分；取食中等大小的成长叶，不喜食老叶、嫩叶（黄国华，2009）。宽尾凤蝶为冰河时期孑遗物种，其成虫体型大，姿态美丽，飞行平稳优雅，被称为“梦幻之蝶”，具有较高的观赏价值，为保育类昆虫。

1.5.1　形态特征

成虫：翅展116～131 mm。体、翅黑色，翅面散生黄色鳞片，脉纹清晰，翅脉两侧及后翅基部呈灰白或灰黄色；前翅前缘色深，中室内有数条黑色纵纹。后翅外缘波状，波谷

红色镶有白边，近外缘翅室有弯月形红斑（陈树椿，1999），尾突宽大呈靴形，是本种的主要特征；有的中室端半部呈白色，故称“白斑型”。

雄性外生殖器上钩突窄小，骨化；尾突小而弯曲，具毛；抱器瓣宽大，近似长方形，长约为宽的1.5倍，抱器端圆；抱器内突周围强度骨化，有锯齿，但腹缘骨化程度弱而有1个大齿突。阳茎中部弯曲，两端宽于中部。

雌性外生殖器产卵瓣较长；交配孔宽大；前阴片侧褶痕宽，具齿突。后阴片两侧有尖齿突。囊导管膜质，很短而细；交配囊略呈圆形，囊突长，纺锤形，具很多横褶痕。

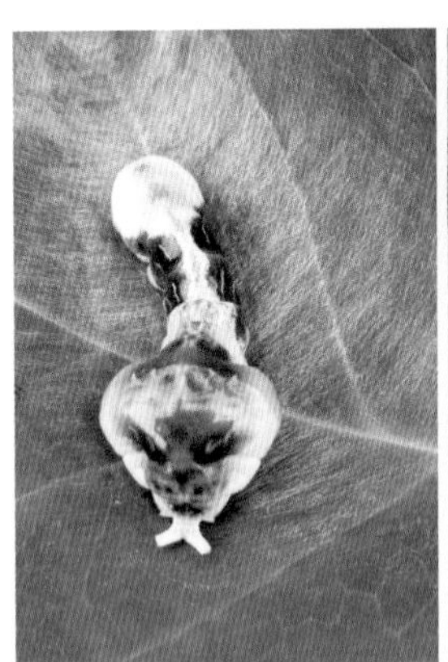

图1.5-1 宽尾凤蝶幼虫
（朱仲龙摄于湖北五峰王家坪）

1.5.2 生活习性与发生规律

1年发生1~2代，以蛹越冬。成虫分别于4月和7月出现。8月下旬越冬蛹出现。

宽尾凤蝶的5龄大幼虫在受惊而翻出触角时，还使三胸节鼓凸呈特大的三角形，配合其上的三大黑斑，形成毒蛇样的威吓姿态，藉以自卫。

宽尾凤蝶的低龄幼虫拟态鸟粪，末龄幼虫拟态毒蛇，蛹拟态枯枝。

图1.5-2 宽尾凤蝶蛹
（朱仲龙摄于湖北五峰王家坪）

1.5.3 防治方法

可做资源昆虫保护并合理开发利用。

1.6 天蛾

别称：豆虫

学名：Sphingidae（科名）

分类：鳞翅目，异角亚目，天蛾科

寄主：红花玉兰、白玉兰、望春玉兰、紫玉兰等多种木兰科植物。

分布区域：分布于华北、华中、华东、华南等地的部分区域（唐志远，2008）。

为害特点：是红花玉兰上常见的食叶害虫，啃食红花玉兰叶片，严重时将叶片啃食一空。

1.6.1 形态特征

中型至大型蛾类，前翅呈三角形，身体粗壮，善于飞行。喙发达，非一般蛾类可比，飞翔力强，经常飞翔于花丛间取蜜。大多数种类夜间活动，少数日间活动。

幼虫肥大，圆柱形，体面多颗粒。第8腹节背中部有一臀角，入土后作土茧化蛹，蛹的第5节和第6节能活动，末节有臀棘。蛹喙显著，有离体与贴体之别。成虫能发微声，幼虫也能以上颚摩擦作声。

卵扁椭圆形。

图1.6 玉兰叶片上的天蛾幼虫

（朱仲龙摄于湖北五峰王家坪）

1.6.2 生活习性与发生规律

一年2代，成虫发生于5月、10月上旬。幼虫多个色型，食叶。老熟幼虫在5～10cm深的土层中作蛹室化蛹，以蛹态过冬（唐志远，2008）。

1.6.3 防治方法

（1）加强圃地管理，冬季、春季及时清园。清理圃地内的枯枝落叶、杂草石块，以消灭越冬虫蛹，减少来年虫源。

（2）在幼虫集群危害时，人工捕杀，集中消灭幼虫。

1.7 芋双线天蛾

学名：*Theretra oldenlandiae*

分类：鳞翅目，异角亚目，天蛾科，芋双线天蛾

寄主：主要危害天南星科合果芋、芋、水芋、土半夏等，凤仙科非洲凤仙、凤仙等，茜草科繁星花、仙丹花、栀子花等，葡萄科锦屏藤、虎葛、地锦等，在红花玉兰上也有发生。

分布区域：华北、华东、华南、台湾等地

为害特点：是红花玉兰上常见的食叶害虫，湖北五峰、江苏金坛等基地都有发生。幼虫啃食叶片，食量大，常造成叶片缺刻，严重时吃光整个叶片。

1.7.1 形态特征

成虫翅展70～75mm，身体呈梭型，背部中央有2条细窄的白色纵纹，翅面黄褐色至灰褐色，前翅有2条一宽一窄的黑褐色斜纹，端部连顶角，中室端各有一枚黑色斑点，后翅黑褐色，有灰黄横带1条。

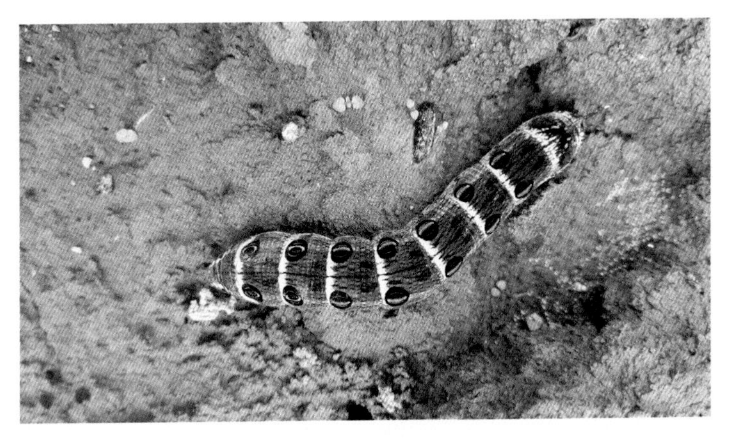

图1.7 芋双线天蛾
（朱仲龙摄于湖北五峰王家坪）

老熟幼虫体型硕大，圆筒形，体色多有变化，通常为绿褐色和紫褐色，头部顶端有两行白色圆斑排列，胸背板两侧有2对黄色拟眼斑，腹部各节两侧具一枚红色圆斑。体侧密生白色细小斑点。胸足红色。第八腹节背面有尾角1个，尾脚丝状细短。

成熟幼虫入土化蛹，蛹两头尖，浅褐色。

1.7.2 生活习性与发生规律

成虫傍晚后或晨间活动，飞行能力强，飞行速度快。6～10月多见。喜欢访花，食蜂蜜。幼虫清晨或夜晚觅食，白天藏身于地下或隐秘的缝隙中，食叶且食量大。

成熟幼虫入土化蛹。

1.7.3 防治方法

（1）该害虫非玉兰专性寄生种，虫害往往先发生于圃地周边的杂草、杂花丛中。圃地管理时应注意圃地卫生，及时清除圃地及周围杂草。

（2）在幼虫集群危害时，人工捕杀，集中消灭幼虫。

1.8 斜纹夜蛾

别称：莲纹夜蛾、夜盗虫、乌头

学名：*Spodoptera litura*

分类：鳞翅目，夜蛾科，斜纹夜蛾属，斜纹夜蛾

寄主：杂食性，可危害包括红花玉兰在内的多种园林植物，木瓜、向日葵、棉、烟草等经济作物，玉米、豆类、高粱、瓜类等农作物和果蔬的叶片、花蕾。

分布区域：世界性分布，全国大部分地区的玉兰圃地均有发生，以长江流域、华南、西南以及华北等地发生严重。

为害特点：是红花玉兰上常见的食叶害虫，具有爆发潜能。在全国红花玉兰种植基地均有发生。幼虫啃食叶片，低龄幼虫灰绿色，集群危害，在叶背取食叶肉，留下表皮；3龄以后体色变黑，食量极大，会大量啃食红花玉兰叶片甚至啃食新梢。该害虫繁殖快，在农业上发生严重时常导致全园废耕，2016年夏季在湖北五峰王家坪育苗基地发生较严重。

1.8.1 形态特征

成虫翅展33～46mm，体长14～20mm。通体暗褐色，胸部褐色，额有黑褐色斑，颈板有黑褐色横纹。腹部浅褐色。前翅深褐色，基线、内线黄褐色，后端相连；环纹黄褐色，中央淡褐色，外斜瘦长，外侧有1条淡褐色斜纹由中脉贯穿至前缘脉；肾纹中央黑色，内缘淡黄褐色，弓形，外缘内凹，外线淡黄褐色，亚端线浅黄褐色（徐志华，2006），环状纹和肾状纹之间有3条白线组成明显的较宽的斜纹。后翅灰白色，半透明，翅脉及端线褐色。

卵半球形，似馒头形，直径0.5mm左右，暗灰色，表面有纵横脊纹，集结成3～4层卵块，外覆黄色绒毛。

幼虫一般6龄，老熟幼虫体长36～51mm，体色变化较大，土黄、灰褐、黄绿至墨绿或黑色。体表散生小白点。背线、亚背线黄绿色至橘黄色，从中胸至腹部第8节亚背线内侧，每节有一对近似半月形或三角形黑斑（张永仁，2001.《台湾生命大百科》）。

图1.8　斜纹夜蛾幼虫

（尹群摄于湖北五峰涨水坪）

蛹圆筒形，红褐色，体长15～23mm，腹部第4～7节近前缘处密布圆形刻点，腹末有一对短而弯的臀刺。

1.8.2　生活习性与发生规律

中国从北至南一年发生4～9代。以蛹或少量幼虫在土缝、枯叶、杂草中越冬。在广东、福建、台湾等地世代重叠严重，无越冬现象。越冬的蛹翌年4月开始羽化，发育最适温度为28～30℃。成虫白天潜伏叶丛或土块缝隙中，夜晚活动，有趋光性。卵多产于枝叶茂密的叶片背面。幼虫期12～30天，共6龄，有假死性。初孵幼虫集群于叶背取食叶肉，残留上表皮，2龄后逐渐分散，4龄后进入暴食期，大面积啃食寄主叶片并可以成群迁徙为害（新华网农民日报，2017）。老熟幼虫在叶背吐丝结茧化蛹。华南4～11月，长江流域（江西、江苏、湖南、湖北、浙江、安徽等地）7～9月进入盛发期。

天敌有小茧蜂、广大腿蜂、寄生蝇、步行虫，以及多角体病毒、鸟类等。

1.8.3　防治方法

（1）圃地管理

①冬春细致翻耕晒土或灌水，消灭土内越冬虫源。

②及时清除杂草，结合管理检查叶背是否有覆毛的卵块，随手摘除卵块和群集危害的初孵幼虫，统一集中处理，减少圃内虫源。

（2）生物防治

①在圃地内悬挂带有雌性激素诱虫盒，诱杀雄虫，降低雌雄交尾几率从而控制种群数量。悬挂间隔为50m，如果各相邻苗圃基地共同悬挂防治效果更佳。

②使用苏力菌生物制剂可有效杀死斜纹夜蛾幼虫。但应该注意的是苏力菌容易被日光分解从而降低活性，傍晚施用效果更佳。

③于孵卵高峰至1～2龄幼虫盛期防治，使用斜纹夜蛾核型多角体病毒、短稳杆菌、苏云金杆菌等药剂，间隔5～7天用药1次，以减少幼虫数量。结合斜纹夜蛾幼虫习性，在傍晚喷施效果最好，喷药时注意叶片正反面都要喷到，且植株根际附近的土壤也要喷施。为防止害虫产生抗药性，宜多种药品交替喷施。

（3）物理防治

①黑光灯诱：利用成虫趋光性，于盛发期夜晚点黑光灯诱杀。

②糖醋诱杀：利用成虫趋化性，配制糖醋酒（糖：醋：酒：水=3：4：1：2）并加入少量敌百虫诱蛾（徐志华，2006）。

（4）化学防治：参照“第二部分 1.1 刺蛾”拓展阅读框。

1.9 淡剑贫夜蛾

别称：淡剑袭夜蛾、小灰夜蛾

学名：*Sidemia depravata*

分类：鳞翅目，夜蛾科，淡剑贫夜蛾

寄主：主要为害草地早熟禾、高羊茅、黑麦草等禾本科冷季型草坪草，有时也为害红花玉兰等其他园林植物。

分布区域：河北、北京、河南、天津、山东、山西等地。

为害特点：是冷季型草坪草优势害虫，2019年春在北京海淀鹫峰红花玉兰基地发生。低龄幼虫取食嫩叶叶肉，仅留下透明的叶表皮，3龄以后将叶片咬至缺刻，5龄后暴食期可迅速将叶片、叶脉及嫩茎啃光，阴雨天昼夜咬食危害。虫害发生于草坪可导致整片草坪草死亡，发生于红花玉兰啃食成片植株，导致部分植株叶片全部受害。

图1.9-1 淡剑贫夜蛾幼虫

1.9.1 形态特征

雄性成虫翅展26～27mm，体长11～14mm。触角羽毛状；前翅灰褐色，内横线和中横线黑褐色，翅面上剑纹暗褐色较明显，外缘线上有1列黑点。环纹淡黄色，肾纹暗褐色。后翅较前翅面阔，淡灰褐色，前缘及外缘处颜色较深。雌性成虫体型稍小，体色较浅，触角丝状（徐志华，2006）。

卵馒头形，直径0.3～0.5mm，有纵条纹，初为淡绿色，后渐变深，孵化前呈灰褐色。

幼虫刚孵化时虫体灰褐色，头部红褐色，取食后身体变为绿色；老熟幼虫头部为浅褐色椭圆形，身体呈圆筒形，腹部青绿色，沿蜕裂线有黑色“八”字纹，背中线呈肉粉色，亚背线呈白色，各体节在亚背线内侧具近三角形黑斑。幼虫有假死性，受惊动蜷曲呈“C”形。

蛹长12～14mm，初化蛹时为绿色，后渐变红褐色，具有光泽。臀棘2根，平行（郭尔祥，2001）。

图1.9-2 淡剑贫夜蛾幼虫为害状
（尹群、吴霞摄于北京海淀鹫峰红花玉兰基地）

1.9.2 生活习性与发生规律

华北地区一年发生3～5代，湖北一年可发生5～6代，幼虫叠代现象明显。以老熟幼虫在草丛中越冬。翌年春越冬幼虫开始进行田间为害。5～10月为害严重。幼虫多在清晨、傍晚和夜间取食，啃食植物叶片，白天多潜藏于草丛中。孵化后就近取食，幼虫1～2龄时只取食嫩叶的叶肉，留下透明叶表皮，进入5龄后食量暴增，将整个叶片甚至嫩茎啃光，高龄幼虫食量大，虫粪较明显。一般4月下旬老熟幼虫开始化蛹，5月下旬成虫出现。成虫昼伏夜出，负趋光性强，白天多潜藏在花草丛中，受惊时短距离飞翔。受惊后有假死性。入秋后当日间气温低于20℃时老熟幼虫逐渐进入越冬状态，但低龄幼虫不能越冬。

1.9.3 防治方法

（1）圃地管理

①圃地较小的情况下，可于5～6月卵块大量出现时常进行检查，人工摘除卵块并带出圃地集中销毁。

②因该虫害主要发生于草坪草上，苗圃养护时要注意圃地周围草坪的健康情况，避免害虫蔓延到圃地中。并及时清理圃中杂草，保持圃地卫生。

③冬春细致翻耕晒土或灌水，消灭土内越冬的老熟幼虫，减少来年虫源。

（2）生物防治

①保护利用喜鹊、麻雀、步甲虫等天敌。

②利用白僵菌等生防菌制剂防治其幼虫。

（3）化学防治：参照“第二部分 1.1 刺蛾”拓展阅读框。

此外，1%甲氨基阿维菌素、含量为16000IU/mg的Bt可湿性粉剂500～700倍液，20%米满悬浮剂1500～2000倍液、环业2号（40亿PIB/g 小菜蛾颗粒体病毒）等均有较好的防治效果。

1.10 尺蠖

别称：蛔蛾，成虫俗称尺蛾

学名：Geometridae（科名）

分类：鳞翅目，尺蛾科

寄主：幼虫危害果树、茶树、桑树、棉花等经济作物，以及红花玉兰、国槐、稠李、裂叶榆等园林绿化树种。

分布区域：全国皆有分布。

为害特点：是红花玉兰上的食叶害虫。幼虫啃食叶片，有时也啃食嫩芽，严重时造成植株光秃。

图1.10 尺蛾幼虫
（陈思雨摄于湖北五峰王家坪基地）

1.10.1 形态特征

尺蠖身体细长，行动时一屈一伸像个拱桥，静止时，常用腹足和尾足抓住树枝，身体能斜向伸直如枝状，是拟态树枝的典型代表。完全变态。成虫翅大，体细，长有短毛，触角丝状或羽状，称为“尺蛾”。

1.10.2 生活习性与发生规律

以蛹在土中或树皮缝隙间越冬、越夏。翌春出土羽化，雌蛾出土后爬上树干交尾，卵多产于树皮裂缝中、叶片、叶柄、小枝处，卵块上覆毛。成虫趋光性弱，白天隐伏于树丛中，受惊时作短距离飞行。4月下旬幼虫孵化，开始取食叶片。5月进入为害盛期，5龄后的幼虫食量大，可将寄主叶片啃光。

1.10.3 防治方法

（1）圃地管理

及时清除杂草，随手摘除卵块和初孵幼虫，统一集中处理，减少圃内虫源。

（2）生物防治

人工释放尺蠖脊腹茧蜂、尺蠖肿跗姬蜂或寄生蝇。

（3）物理防治

越冬前将稻草捆于苗木枝干上，引诱幼虫入稻草内，然后集中杀灭。

（4）化学防治：参照“第二部分 1.1 刺蛾”拓展阅读框。

1.11 灯蛾

学名：Arctiidae（科名）

分类：鳞翅目，灯蛾科

寄主：杂食性，可危害包括红花玉兰在内的多种园林植物，木瓜等经济作物，玉米、毛豆等农作物以及茼蒿、青葱等蔬菜。

分布区域：世界性分布，全国大部分地区的玉兰圃地均有发生。

为害特点：是红花玉兰上常见的食叶害虫，在全国红花玉兰种植基地均有发生。幼虫啃食叶片，低龄幼虫灰绿色，集群危害；3龄以后体色变黑，食量极大，会大量啃食红花玉兰叶片甚至啃食新梢。该害虫在农业上发生严重时常导致全园废耕，2016年夏季在湖北五峰王家坪育苗基地发生较严重。

1.11.1 形态特征

中型至小型蛾，少数为大型蛾。体较粗壮，体色通常比较鲜艳，常为红色或黄色，多具条纹或斑点。灯蛾亚科具单眼，苔蛾亚科及瘤蛾亚科无单眼。

幼虫体型较细小，体橙黄色，头较小。具有长而密的毛簇着生于毛瘤上，背线、亚背线黄褐色，有些种为黑色，腹足5对或4对，趾钩为单序异形中带，胸足、腹足一般为黄色（朱弘复，1979）。化蛹时，茧由体毛和丝组成。

图1.11 白蛾属灯蛾幼虫

（尹群摄于江苏金坛红花玉兰基地）

1.11.2 生活习性与发生规律

一年发生2至多代，老熟幼虫在地表枯枝落叶层或浅土层中做茧越冬。翌春气温回升后羽化。成虫通常白天在寄主植物叶背栖息，夜间活动，具有趋光性。卵常几十粒至上百粒排成卵块，初孵幼虫集群在叶背活动，取食寄主植物的叶肉组织，留下表皮；虫龄增长后取食能力增强，咬食叶片使其缺刻，甚至只剩叶脉。

幼虫遇到惊吓后身体常蜷缩成环形，具假死性。

1.11.3 防治方法

（1）圃地管理

①冬春细致翻耕晒土或灌水，消灭土内越冬虫源。

②及时清除杂草，结合管理检查叶背是否有覆毛的卵块，随手摘除卵块和集群危害的初孵幼虫，统一集中处理，减少圃内虫源。

（2）物理防治

①黑光灯诱：利用成虫趋光性，于盛发期夜晚点黑光灯诱杀。

②糖醋诱杀：利用成虫趋化性，配糖醋液（糖：醋：酒：水=3：4：1：2）并加入少量敌百虫诱蛾。

（3）化学防治

喷施3%高渗苯氧威乳油3000倍液，20%氰戊菊酯乳油1500倍液，5%来福灵2000倍液（秦维亮，2011）。

1.12 玉兰大刺叶蜂

学名：*Megabeleses crassitarsis*

分类：膜翅目，广腰亚目，叶蜂科，粗角叶蜂亚科，枝膜叶蜂属

寄主：主要寄生于红花玉兰、白玉兰、紫玉兰等木兰科玉兰属植物上。

分布区域：中国新记录种，分布于安徽大别山区霍山县，2015年发现于湖北五峰王家坪基地的红花玉兰上。发生地均在海拔500m及以上的山区（丁玉州，1999）。

为害特点：是红花玉兰上重要的食叶害虫，主要为害期为幼虫期，具有潜在爆发性。幼虫集群啃食红花玉兰和娇红一号苗木树叶，常数十头集中在一起取食叶片，严重时整株苗木叶片只剩叶脉，如火烧状。爆发期为每年5月上旬，爆发期间一天之内可将一株地径4～5cm的苗木树叶全部吃完。虽然对苗木没有致命伤害，但是严重影响红花玉兰苗木生长势。

1.12.1 形态特征

成虫翅展24～29mm，体长9.5～11.5mm，体黑色。触角丝状，9节，黑色，第二节短小。胸黑色，前胸背板后缘深凹，淡黄色，翅基片淡黄色。中胸前盾片倒三角形，左右盾片隆起，近长方形；小盾片近菱形，黑色，后背片淡黄色。后胸盾片上具2个淡黄色椭圆

形斑，此2斑与中胸淡黄色后背片排成三角形。翅淡黄色，膜质透明，翅痣黑色。前翅在1Rs室中央有1长椭圆形黑色斑。足黄褐色，后足腿节和胫节端部黑色。爪2分叉。

卵长椭圆形，一端尖一端钝，略微弯曲。卵壳近膜质，柔软，半透明。

幼虫共5龄，老熟幼虫体黄绿色，无背中线，体表多横褶皱，取食时身体伸展，静止时弯曲呈“C”形或“O”形。

蛹为裸蛹，初乳白色后渐变深呈黄褐色，羽化前呈黑褐色，有光泽。化蛹于土茧内，土茧椭圆形，壁厚，内壁光滑，头部所在端有1圆孔（丁玉州，1999）。

图1.12　叶蜂幼虫以及被害的红花玉兰

（朱仲龙摄于湖北五峰王家坪基地）

1.12.2　生活习性与发生规律

1年1代，以裸蛹在表土层中的土茧内越冬越夏。翌年3月开始化蛹，下旬成虫开始羽化。4月上旬成虫出土补充营养并进行交尾。4月中旬进入产卵盛期，卵产于叶肉组织内。4月下旬至5月上旬进入幼虫孵化盛期，一般夜间孵出。幼虫5龄，1～2龄幼虫群集于叶背为害，3龄起开始转叶，4～5龄幼虫集群性减弱，食量剧增，昼夜取食，转叶频繁，一般由下往上，由南向北转叶，短期内可将整株玉兰啃食一空。幼虫具有假死性，受到惊扰时口吐黄绿色液体，身体卷曲。5月中旬开始入土作茧。

1.12.3　防治方法

（1）圃地管理

从6月至翌年3月，对圃地进行翻耕、垦复，可有效捣碎土茧，尤其注意玉兰苗木3m范围内和圃地内杂草较多处藏蛹较多。

于爆发期前对红花玉兰苗木枝叶进行检查，对发现有叶蜂侵害的枝叶，立即捕捉并集中消灭处理。

现阶段叶蜂很少大规模爆发，一般通过加强圃地管理可有效防治该害虫。

（2）化学防治

幼虫为害盛期，可用80%敌敌畏乳油1000倍液，或90%敌百虫结晶800倍液，或50%杀螟硫磷乳油1000倍液，或20%氰戊菊酯乳油1500～2000倍液，或2.5%溴氰菊酯乳油2000～3000倍液喷洒防治（丁玉州，1999）。

拓展阅读

菊酯类农药具有高效、低毒、易降解低残留的特点，对多种害虫都有较好的防治效果。但是使用时应注意以下三点：

（1）避免长期连续使用，避免害虫产生抗药性。

（2）按说明书要求，严格控制剂量和浓度。

（3）菊酯对鱼类、蜂类、蚕等有剧毒。

玉兰苗圃使用该类药品时应注意周边鱼塘、蜂箱、蚕舍等，避免产生其他损失。施药时注意间隔换药，避免害虫产生抗药性。

1.13 蝗虫

别称：蚱蜢、草蜢、蚂蚱

分类：直翅目，蝗亚目，包括蚱总科、蜢总科、蝗总科

寄主：杂食性，可危害包括红花玉兰在内的多种园林植物，木瓜等经济作物，玉米、毛豆等农作物以及茼蒿、青葱等蔬菜。

分布区域：世界性分布，全国大部分地区的玉兰圃地均有发生。

为害特点：是红花玉兰上常见的食叶害虫，在全国红花玉兰种植基地均有发生。幼虫啃食叶片，低龄幼虫灰绿色，集群危害；3龄以后体色变黑，食量极大，会大量啃食红花玉兰叶片甚至啃食新梢。该害虫在农业上发生严重时常导致全园废耕，2016年夏季在湖北五峰王家坪育苗基地发生较严重。

1.13.1 形态特征

体型大小不等，可细长，可短粗，躯体绿色或黄褐色。咀嚼式口器，后足适于弹跳，常常成群飞翔，触角短而粗，也有些种剑状或丝状，复眼卵形，大而突出，产卵器分4瓣，跗节分3节。

1.13.2 生活习性与发生规律

1年发生1至数代，以卵在土壤中的卵囊中越冬。干旱年份，苗圃地疏于管理时有利

图1.13 红花玉兰苗木上的蝗虫
（尹群摄于湖北五峰王家坪、江苏金坛、河南邓州、山东临沂）

于该虫害发生。阴湿多雨，土壤湿度大的环境不适合卵的孵化和蝗蝻发育。成虫、若虫取食叶片，使植物叶片缺刻，有时叶片被啃食仅剩叶脉。

1.13.3 防治方法

（1）圃地管理

注意圃内卫生，及时清除杂草。秋后翻耕圃地土壤，及田埂、池边、道路两旁土壤，以破坏越冬卵囊，降低来年害虫数量。

（2）生物防治

保护利用麻雀、蜘蛛、螳螂、青蛙、大寄生蝇等天敌进行生物防治。

（3）药物防治

在2～3龄若虫期，使用三苦素500倍液、20%速灭丁乳油3500倍液，4%敌马粉剂、50%马拉硫磷乳油1500倍液、40%氧化乐果乳油1000倍液进行防治。

1.14 竹节虫

别称：暂无

学名：Phasmida（目名）

分类：竹节虫目（䗛目）

寄主：植食性，可危害包括红花玉兰在内的多种园林植物，大多喜食壳斗科、蔷薇科、桑科、豆科等植物，国内外曾有桉树、栎类树木遭受该虫啃食成灾的报道。

分布区域：多分布于热带、亚热带地区。

为害特点：是红花玉兰上常见的害虫，在湖北五峰红花玉兰种植基地常有发生，2015年至今连年观测未见大规模爆发。植食性，以各种树木杂草为食。一般白天不活动，夜晚啃食树叶，造成叶片缺刻。

1.14.1 形态特征

虫体细长形如竹节，体色绿色至褐色，体态颜色拟态竹枝，因此称为“竹节虫”。该虫为中型至大型昆虫，体长由几厘米到数十厘米不等，最大可达64cm。虫体绿色或褐色。头卵圆形微微隆起，咀嚼式口器。复眼卵形或球形，稍突出。触角丝状、细短（有些种类触角细长），具翅或退化成1对翅，有的种无翅。足细长，前足静止时前探。

图1.14-1 竹节虫（静止时一对前足前探）

图1.14-2 行动的竹节虫

（尹群摄于湖北五峰王家坪）

1.14.2 生活习性与发生规律

虫体颜色昼夜不同，会随光线、湿度、温度发生变化，暗光时体色变暗，反之则变浅。

在我国多分布于山高林密的热带、亚热带地区。有典型的拟态和保护色，多栖息于草丛和林木丛中，夜晚外出取食。受惊扰时会分泌臭液，危急情况下稚虫的足会自动脱落再生。

竹节虫大多为杂食性，取食周期较长，一般随着虫龄的增加食量增加，老龄若虫期和成虫期危害严重。白天、夜晚均可见，多数在傍晚活动、取食频繁。

1.14.3 防治方法

加强圃地管理，及时清除圃地周围的杂草杂树丛，保证圃地卫生，从而减少竹节虫的栖息场所，达到控制虫害的目的。

1.15 甘薯腊龟甲

别称：甘薯褐龟甲、甘薯大龟甲

学名：*Laccoptera quadrimaculate*

分类：鞘翅目，铁甲科，甘薯腊龟甲

寄主：主要为害甘薯、蕹菜，及一些旋花科植物。偶尔为害红花玉兰等多种玉兰属植物。

分布区域：主要分布于华南地区，华东部分地区也有分布。

为害特点：是红花玉兰上的食叶害虫，湖北五峰红花玉兰基地曾有少量发生。成虫、幼虫啃食叶片。低龄幼虫食量小，啃食后叶片残留透明斑，3龄后食量增大，造成叶片缺刻，严重时将叶片啃光。

图1.15 甘薯腊龟甲

（尹群摄于湖北五峰王家坪）

1.15.1 形态特征

体型较小，成虫7.5～10mm，身体近三角形，背部隆起，棕色或红棕色。前胸背板及两翅周缘向外延伸，延伸部分有浅黄褐色半透明网纹。鞘翅具褶皱、粗刻点及凹陷，背面隆起外缘有黑斑。鞘翅合缝处有一黑斑纹，粗细不等，有的个体完全消失。触角11节。

卵长椭圆形，褐色，被淡黄色卵膜，单生或两粒并列。

蛹扁，淡褐色，前胸背板扁平，周围被小刺，蜕皮壳成串翻卷于蛹体背面（李文柱，2017）。

1.15.2 生活习性与发生规律

该虫主要发生于长江以南地区，华南地区最为常见。一年4～6代。成虫在枯枝落叶层、石缝或土缝中越冬，翌春开始为害。成虫、幼虫啃食植株叶片，低龄幼虫食量小、啃食能力弱，一般留下透明啃食斑，3龄以后食量加大，往往造成叶片缺刻，严重时将叶片吃光。羽化的成虫白天活动，正午日照强烈时隐蔽于植株基部。有假死性。全年以6月中下旬至8月中下旬为害严重，不同地区不同年份根据气候条件稍有差异。有携粪习性。

1.15.3 防治方法

（1）圃地管理

保持圃地清洁，秋季及时铲除田边杂草，可消灭部分越冬虫源，减少来年虫源基数。

（2）化学防治

成虫盛期用敌百虫1000倍液、40%乐果乳油1200～1500倍液或25%亚胺硫磷乳油800倍液喷雾防治。

1.16 甘薯肖叶甲

别称：甘薯金花虫、甘薯华叶甲、甘薯华叶虫

学名：*Colasposoma dauricum*

分类：鞘翅目，肖叶甲科，甘薯肖叶甲属，甘薯肖叶甲（种内有甘薯叶甲指名亚种、甘薯叶甲丽鞘亚种）。

寄主：杂食性，主要为害甘薯、蕹菜、棉花、小旋花等，偶尔为害红花玉兰。

分布区域：甘薯叶甲指名亚种多分布于东北、华北、西北、华中、西南等地，甘薯叶甲丽鞘亚种主要分布于华南、西南、华东、台湾等地。

为害特点：是红花玉兰上的食叶害虫，甘薯叶甲丽鞘亚种在南方红花玉兰种植基地多见。成虫啃食红花玉兰、望春玉兰的幼苗、幼叶，造成叶片缺刻。幼虫生活在土壤中，啃食植株根部，容易引发根腐病等根部病害。

1.16.1 形态特征

成虫体长5～7mm，具金属光泽。头部向下弯曲，具较大的刻点。触角11节，线状。前胸背板隆起，小盾片近方形。鞘翅布满刻点，肩胛隆起，刻点粗而明显。丽鞘亚种在肩胛后方有一闪蓝光的三角斑，而指名亚种则无此斑。

图1.16 甘薯肖叶甲

（尹群摄于湖北五峰王家坪）

卵椭圆形，长约1mm，浅黄至黄绿色。

幼虫体长9～10mm，浅黄色，头部淡褐色。身体粗短，略微弯曲呈“C”状，全身被细毛。

裸蛹长约5～7mm，短椭圆形。初蛹时为乳白色，后渐渐变黄。后足腿节末端具1根黄褐色刺，腹末端具6根刺（谭娟杰，2005）。

1.16.2 生活习性与发生规律

春季气温高，土温回升早，降雨量偏少的年份，利于越冬幼虫化蛹和蛹的发育，使成虫盛发期提早，为害重。6～7月雨量正常，土壤经常保持湿润，利于成虫出土和产卵，以及幼虫入土为害，因此当年甘薯叶甲发生多，为害重，反之发生少，为害轻。

1年发生1代，多以老熟幼虫在土下15～25cm处作土室越冬；有少数在甘薯内越冬；也有以成虫在岩缝、石隙及枯枝落叶中越冬。越冬幼虫于5～6月化蛹，成虫羽化后要在化蛹的土室内生活数天才出土。成虫耐饥力强，飞翔力差，有假死性。清晨露水未干时多在根际附近土隙中；露水干后至上午10:00和下午16:00～18:00时活动最活跃。喜食苗顶端嫩叶、嫩茎、腋芽和嫩蔓表皮。中午阳光强烈时则隐藏在根际土缝或枝叶下。成虫产卵为堆产，可产于麦茎、高粱、玉米留在田间的残物中，或产于禾本科杂草的枯茎中、甘薯藤、豆类根茎中，孔口有黑色胶质物封涂。卵孵化后，幼虫潜入土中啃食寄主的根皮或蛀入根内蛀成隧道。当土温下降到20℃以下，大多数幼虫进入越冬。

1.16.3 防治方法

（1）圃地管理

及时清园，防止成虫产卵。

（2）物理防治

利用成虫假死性，先引诱成虫假死，然后集中捕杀。

（3）化学防治

在成虫盛发期，喷施40%氧化乐果（林焕章，1999）。

1.17 丽金龟

别称：暂无

学名：Rutelidae（科名）

分类：鞘翅目，丽金龟科

寄主：杂食性，主要为害甘薯、蕹菜、棉花、小旋花等，偶尔为害红花玉兰。

分布区域：全国分布

为害特点：很多种类是农、林、牧业的重要害虫。成虫为害植物地上部分；幼虫（蛴螬）为害植物的地下部分，是重要的地下害虫。在红花玉兰苗圃中危害广泛。

1.17.1 形态特征

图1.17 丽金龟
（尹群摄于湖北五峰王家坪）

色泽鲜艳，背面无毛，有金属光泽。背、腹面均隆起。头前口式，头面多简单，触角9～10节，以9节者为多，鳃片部一律3节组成。前胸背板横阔，前狭后阔。小盾片发达显著，三角形。后胸后侧片及后足基节侧端不外露。臀板外露。胸下被绒毛。足发达，中足、后足端部有端距2枚，各足有爪1对，大小有异，前足、中足2爪之较大爪末端常裂为2支。鞘翅有成行的刻点。

1.17.2 生活习性与发生规律

高发于森林和平原，乔木、灌木以及树木幼苗皆是其为害对象。成虫、幼虫皆可为害，成虫为害植株的地上部分，幼虫为害植株的地下部分。一般一年一代，成虫于土壤中越冬，翌春出土觅食、产卵。产卵时间根据分布地气候和丽金龟种类不同而异。卵一般散布在表层土壤中，5月左右卵开始孵化，幼虫迁移至更深层土壤啃食植株根部，化蛹前老熟幼虫迁至地下1m左右筑成蛹室，蛹羽化为成虫后在蛹室内越冬。

1.17.3 防治方法

（1）圃地管理

人工利用成虫的假死习性，早晚振落捕杀成虫。

（2）物理防治

利用成虫的趋光性诱杀成虫，当成虫大量发生时，于黄昏后在苗圃边缘点火诱杀。有条件的苗圃可利用黑光灯大量诱杀成虫。

（3）化学防治

药剂防治在成虫发生期树冠喷布50%杀螟硫磷（杀螟松）乳油1500倍液，或50%对硫磷乳油1500倍液。喷布石灰过量式波尔多液，对成虫有一定的驱避作用。也可表土层施药。在树盘内或园边杂草内施75%辛硫磷乳剂1000倍液，施后浅锄入土，可毒杀大量潜伏在土中的成虫。

1.18 普通角伪叶甲

别称：暂无

学名：*Cerogria popularis*

分类：鞘翅目，拟步甲科，伪叶甲亚科，角伪叶甲属，普通角伪叶甲

寄主：杂食性，可危害包括红花玉兰在内的多种园林植物。

分布区域：山东、福建、广西、重庆、四川、贵州、云南，全国大部分地区的玉兰圃地均有发生。

为害特点：成虫多见于树木、灌木以及草本植物，幼虫则栖息于落叶层或腐木中。但现阶段未对玉兰苗圃造成严重损失。

1.18.1 形态特征

体长16～18mm，黄褐色。触角第1节及第2节基部外侧黑色，第2、3节端部及第4节中部黑棕色。喙第2节短于第3节，第3节与第4节约等长。前胸背板侧缘黑色，中胸及后胸侧板上各具一黑色斑点。前翅革片外缘淡黄色，无黑色边缘。全身刻点深色（国家数字动物博物馆；朱玉香，2003）。

1.18.2 生活习性与发生规律

常见于山间树林、灌木丛、草丛中。未查阅到其生命周期相关的详细资料。

1.18.3 防治方法

可喷施25%西维因可湿粉剂400～600倍液，4.5%高效氯氰菊酯1500～2500倍液（秦维亮，2011）。

图1.18 普通角伪叶甲
（尹群摄于湖北五峰王家坪）

1.19 跳甲

别称：土崩子、土跳蚤

学名：Halticidae（科名）

分类：鞘翅目，叶甲科，跳甲

寄主：杂食性，可危害包括红花玉兰在内的多种园林植物，木瓜等经济作物，玉米、毛豆等农作物以及茼蒿、青葱等蔬菜。

分布区域：世界性分布，全国大部分地区的玉兰圃地均有发生，但不严重。

为害特点：以为害十字花科蔬菜为主，亦为害茄果类、瓜类、豆类蔬菜，偶尔危害红花玉兰苗木。春秋两季发生严重。

1.19.1 形态特征

通常体型较小。根据其前胸背板在基部之前的一条波曲状横沟进行鉴定。

图1.19 跳甲

（尹群摄于湖北五峰王家坪）

1.19.2 生活习性与发生规律

是重要的作物害虫，成虫啃食植株叶片，幼虫啃食植株根部，有的种类有时会传播植物病害，比如马铃薯早期凋萎病与跳甲有密切关联。高温高湿气候下发生严重。

在目前已有寄主记录的类群中，85%的跳甲属为专食性属，总体上是种对应植物的属，属对应植物的科，红花玉兰上的跳甲需要进一步鉴定。

1.19.3 防治方法

可喷施25%西维因可湿粉剂400～600倍液，4.5%高效氯氰菊酯1500～2500倍液（秦维亮，2011）。

2　刺吸类害虫

2.1 长头铲头沫蝉

别称：暂无

学名：*Clovia longicephala*

分类：同翅目、沫蝉科、铲头沫蝉属、长头铲头沫蝉

寄主：杂食性，可危害包括红花玉兰在内的多种园林植物。

分布区域：全国大部分地区的玉兰圃地均有发生。

为害特点：是红花玉兰上的刺吸害虫，仅在五峰红花玉兰种植基地有发生，发生数量较少。

2.1.1　形态特征

身体黑黄相间，近梭型，头部尖。头部至前胸背板有6条黑色平行纵带。翅膀有对称斜纹，前侧有对称的C字形黑纹。

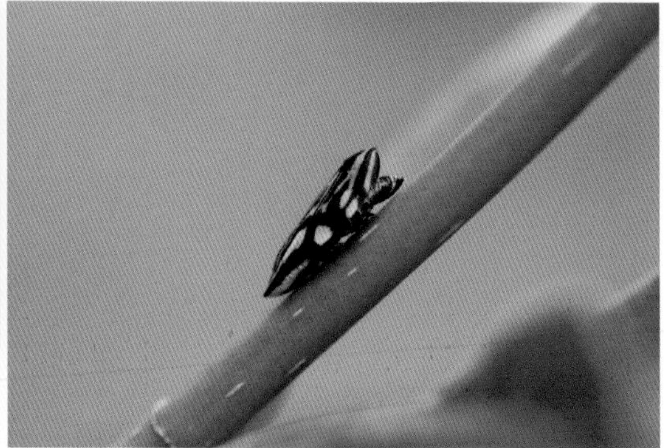

图2.1　长头铲头沫蝉
（尹群摄于湖北五峰王家坪）

2.1.2　生活习性与发生规律

多见于中海拔山区，栖息于草丛、杂树丛，较隐秘，不多见。

2.1.3 防治方法

（1）圃地管理

及时清除杂草，减少圃内虫源。

（2）化学防治

盛发期用20%叶蝉散乳油或25%巴沙乳油、50%甲胺磷乳油可进行防治。

2.2 大蚜

别称：暂无

学名：Lachnidae（科名）

分类：半翅目，大蚜科

寄主：杂食性，可危害包括红花玉兰在内的多种园林植物。

分布区域：国内在华北、华中、华南及内蒙古等地均有分布。

为害特点：以成、若虫刺吸寄主嫩梢、茎叶、叶柄的汁液。该害虫仅在湖北五峰红花玉兰种植基地有过记载，为玉兰苗木上的刺吸害虫，可削弱玉兰长势。

2.2.1 形态特征

雌性无翅蚜头小、腹大，黑褐色，近球形。复眼黑色，突出头部。

雌性有翅蚜腹部宽，但窄于无翅蚜。雄性有翅蚜腹部最窄。

卵黑绿色，长圆柱形，1.3 ~ 1.5mm。

图2.2 大蚜

（尹群摄于湖北五峰王家坪）

2.2.2 生活习性与发生规律

北京地区5～6月、10月发生两次为害高峰，尤以秋季更为严重。往往大雨后虫口密度大大降低。天敌有草蛉、各种瓢虫等。

2.2.3 防治方法

（1）圃地管理

冬季剪除着卵叶，集中烧毁，消灭虫源。

（2）化学防治

喷洒50%乐果乳油1000倍液、20%氰戊菊酯乳油3000倍液、50%久效磷乳油、20%丁硫克百威乳油6000倍液、50%氧化乐果乳油800倍液、20%速灭沙丁乳油3500倍液等均有良好的防治效果。

2.3 粉蚧

别称：介壳虫

学名：Pseudococcidae（科名）

分类：同翅目，粉蚧科，粉蚧属，粉蚧

寄主：杂食性，可危害包括红花玉兰在内的多种园林植物，木瓜等经济作物，玉米、毛豆等农作物以及茼蒿、青葱等蔬菜。

分布区域：全国大部分地区的红花玉兰圃地均有发生。

为害特点：是红花玉兰上常见的刺吸害虫，在全国红花玉兰种植基地均有发生。介壳虫若虫、雌虫成群寄居在枝、干、叶上吸取汁液，造成叶片发黄、枝梢枯萎、树势衰退，严重时会造成植株死亡，该虫被列为园林“五小害虫”之首（孔德建，2009）。

2.3.1 形态特征

雌成虫多为卵圆形，体壁柔软，腹部体节明显。少数雌体完全无蜡被而裸露。雄虫成体纤细，头、胸和腹分明，触角3～10节，单眼4～6个，无复眼。膜质翅1对。足细长，交尾器短，雄虫幼虫常在白色蜡质茧里发育。

2.3.2 生活习性与发生规律

繁殖能力强，一年发生多代。卵孵化为若虫，经过短时间爬行，营固定生活，即形成介壳。形成介壳后药剂难进入，防治效果差。因此，一旦发生，不易清除干净。

不同地区、不同种类，其发生规律各不相同。除了有性繁殖，介壳虫还可进行孤雌繁殖。繁殖量大，败育率低，每年发生1～4代不等，发生数量庞大。

图2.3 粉蚧

（朱仲龙、尹群摄于湖北五峰王家坪、北京海淀）

2.3.3 防治方法

（1）圃地管理

及时中耕松土、施肥、灌水，以增强树势，提高苗木对病虫害的抵抗能力；结合整形修剪，将带有虫害的枝条剪除，集中带出圃地销毁。

（2）植物检疫

苗木移植、买卖过程中严格检疫，确保带虫苗木不出圃，带虫苗木不入圃。

（3）生物防治

保护和利用瓢虫（澳洲瓢虫、大红瓢虫和黑缘红瓢虫等）、介壳虫寄生蜂、寄生菌等天敌生物，可有效防治。

（4）物理防治

将苗木树干涂虫胶，可有效阻止若虫期扩散。

（5）化学防治

早春树木发芽前，可选用3～5.5° Be石硫合剂。该类药物还能有效防治叶螨等害虫。

若虫孵化到大量分泌蜡粉、蜡丝前，可选用20%好年冬乳油1000～1500倍液、20%菊杀乳油1000～1200倍液加1/1000中性洗衣粉等。

有条件的圃地在若虫期可于受害枝周围埋施15%涕灭威颗粒，覆土后浇足水，或开沟浇40%氧化乐果乳油1000倍液，单株干基茎每厘米浇1.5～2kg。

拓展阅读

黏胶一般用松香、蓖麻油、石蜡按10∶8∶0.5的比例配置，加热溶化后即可使用，黏性一般可维持15天左右。

2.4 水木坚蚧

别称：扁平球坚蚧、糖槭蚧

学名：*Parthenolecanium corni*

分类：同翅目，蚧科，水木坚蚧

寄主：可危害包括红花玉兰在内的多种园林植物，以及豆科、蔷薇科、卫矛科、桦木科、十字花科、榆科、杨柳科等49科130余种植物。

分布区域：全国大部分地区的玉兰圃地均有发生。

为害特点：是红花玉兰上常见的刺吸害虫，在全国红花玉兰种植基地均有发生。水木坚蚧危害并且贯穿植物的生长过程，且具有较强的季节性、地域性，同一植株上虫口分布空间差异较大，一般树冠下部多，越往上越少，顶部最少。第2代若虫集中在叶背的叶脉上为害。

2.4.1 形态特征

雌成虫椭圆或近圆形，长3～6.5mm，宽2～4mm，初期黄棕色，产卵后雌体黄褐、棕褐、红褐或褐色，背面隆起，硬化，前、后均斜坡状，背中有光滑而发亮的宽纵脊1条，脊两侧有成排大凹坑，坑侧又有许多凹刻，越向边缘凹刻越小，呈放射状；肛裂和缘褶明显，腹面软；触角6～8节，多为7节；气门刺3根，中刺端粗钝，略弯，为侧刺长2倍或仅稍长，侧刺较尖；缘刺2列，细长而端钝，明显小于气门刺；背有杯状腺，垂柱腺3～8对集成亚缘列；肛周无射线和网纹。

雄成虫长1.2～1.5mm，红褐色，翅土黄色，透明，翅展3～3.5mm；腹末交尾器两侧各有白色蜡毛1根。

卵长椭圆形，长约0.2mm，初时乳白色，渐变黄褐色。1龄若虫长椭圆形，长约

0.5mm，淡黄褐色，腹末有白色尾丝1对；2龄若虫椭圆形，长约1mm，黄褐色，半透明，背上有较长的透明蜡丝10余根，背中线隆起，两侧具褐色微细花纹，以胸节处色较深，体缘密排短蜡刺；3龄若虫逐渐形成浅灰至灰黄色柔蜡壳。蛹体长1.2～1.7mm，暗红色。茧长椭圆，前半突起，蜡质，半透明玻璃状，全壳分割成蜡板7块。

图2.4 水木坚蚧
（尹群摄于北京海淀）

2.4.2 生活习性与发生规律

初孵若虫先在母体下停留2～5天，然后逐渐分散至寄主植物叶背开始为害，再后转移至叶柄和嫩枝上为害。

2.4.3 防治方法

（1）圃地管理

冬季或早春及时清园，剪除虫害集中的枝条以及园内枯枝集中销毁，以降低来年虫口密度。

（2）物理防治

春季若虫迁移前，在主干分叉处涂继环(废机油混合乐果或敌杀死、马拉硫磷)可阻止若虫上树（柴全喜，2016）。

（3）化学防治

施药时机：若虫孵化盛期用药效果较好。

药剂选择：40%速扑杀1000倍液、3%高渗苯氧威乳油3000倍液，95%蚧螨灵乳剂400倍液，国光必治1500～2000倍+5.7%甲维盐乳油（国光乐克）2000倍混合液（秦维亮，2011）。

用药方式：可以根据树体条件选用喷雾、吊注“必治”或者插“树体杀虫剂”插瓶的方式防治，用量根据树种、树势、气候等因素而调整（成炳伟，2018）。

（4）生物防治

保护和利用天敌昆虫，例如：红点唇瓢虫、寄生蝇、赖食蚧蚜小蜂、黄盾食蚧蚜小蜂、中华四节蚜小蜂、球蚧花角跳小蜂、长缘刷盾跳小蜂和纽绵蚧跳小蜂和捕食螨、黑缘红瓢虫、红点唇瓢虫、草蛉等。

2.5 糠片盾蚧

别称：片糠蚧、灰点蚧、糠片蚧、圆点蚧、龚糠蚧

学名：*Parlatoria pergandii*

分类：同翅目，盾蚧科，糠片盾蚧

寄主：危害包括红花玉兰在内的多种园林树木，在桂花、茉莉、月季、建兰、春兰、朱顶红山茶、梅花、樱花、紫薇、木槿、枸杞、胡子、桃叶珊瑚、月桂等花木上都有报道。

分布区域：分布在华东、华南、华北、华中、西南，以及台湾等地。全国大部分地区的玉兰圃地均有发生，温室中的红花玉兰苗木发生严重。

为害特点：若虫、雌成虫吸食枝、干、叶、果实的汁液，导致叶发黄呈枯萎状，并能诱发煤污病，削弱树势，严重时导致枝条枯死。

2.5.1 形态特征

雌蚧壳椭圆形或近圆形，长约2mm，宽约0.8mm，灰白色或淡褐色，周缘色略淡。壳点在头端，第1壳点小，暗绿褐色，第2壳点较大，近黑色。雌成虫宽卵圆形，体长约1mm，紫红色。雄成虫体长约0.7mm，淡紫色至紫红色，腹末有发达的针状交尾器。

初孵若虫虫体扁平，椭圆形，淡紫色。

图2.5 糠片盾蚧

（尹群摄于北京海淀鹫峰温室）

2.5.2 生活习性与发生规律

每年发生世代，因地区而异，四川一年发生4代，湖南发生3代，江苏、浙江和上海一年发生2～3代。以受精雌成虫或介壳下的卵在枝、叶上越冬。翌春5～6月开始活动。卵产在雌蚧母体下。第1代若虫4月下旬至5月上旬陆续出现；第2代若虫于7月中旬出现；第3代若虫于8月下旬至9月上旬出现；各代间有重叠现象。雄成虫和若虫多固定在枝干及粗枝上吮吸汁液危害，叶背上也有，北方常年见于温室花木上。

2.5.3 防治方法

（1）加强植物检疫，选育生长茁壮、无虫病的植株作为母本；调运苗木时，凡发现有此虫寄生的植株应先进行处理，再栽植。

（2）冬春结合整枝，剪除虫枝、虫叶，集中烧毁，并保持良好的通风透光的生态条件。

（3）若虫孵化期，尤其是第1代若虫孵化期，喷施50%杀螟松乳油1000倍液，或25%硫磷乳油500～1000倍液，或5%吡虫琳乳油1500～2000倍液。喷时应周密均匀。虫口密度大时，应每隔10～15天喷1次，连续喷2～3次。

（4）保护和利用天敌昆虫，例如糠片蚧黄蚜小蜂、橘长缨斯小蜂、二双斑唇瓢虫、桑盾蚧黄蚜小蜂、中华圆蚜小蜂等。

2.6 麻皮蝽

别称：臭大姐、黄斑蝽、麻纹蝽、麻蝽象

学名：*Erthesina fullo*

分类：半翅目，蝽科，麻皮蝽

寄主：杂食性，主要危害苹果、梨、桃、山楂、梅等多种植物，也可危害包括红花玉兰在内的多种园林植物。

分布区域：分布范围很广，全国大部分地区的玉兰圃地均有发生。

为害特点：是红花玉兰上常见的刺吸害虫，成虫和若虫通过刺吸造成植物叶片的局部变色和卷曲，严重时造成叶片组织大片坏死，为害嫩枝时可导致嫩梢自受害处以上整体凋萎。

2.6.1 形态特征

成虫体黑色，近水滴形，密被黑灰色小刻点，并具有细碎不规则小黄斑。触角末节基部、腹部各节侧结缘中央、胫节中段为黄色。头端往下延伸至小盾片基部有一条黄色细线（徐志华，2006）。

卵初产时淡黄色，后渐渐变成黄白色。

若虫体灰色。

图2.6 红花玉兰叶片上的麻皮蝽

2.6.2 生活习性与发生规律

一年1代，以成虫在田间杂物中越冬。4月初开始活动，4月中旬交尾产卵，4月底5月初幼虫孵化，第一代成虫6月初羽化，5月下旬开始产卵；第2代于6月中下旬至7月上旬幼虫孵化，8月中旬开始羽化，8月底以后成虫陆续越冬（徐志华，2006）。

2.6.3 防治方法

（1）圃地管理

加强田间管理，保证圃地卫生以减少虫源；加强水肥管理，增强苗木自身抗性。

（2）物理防治

产卵盛期集中摘除卵块，降低幼虫孵化数量。

（3）生物防治

保护利用天敌，注意保护，有条件的苗圃可人工释放寄生蜂。

（4）化学防治

低龄若虫盛发期喷洒10%氯氰菊酯乳油2000倍液、2.5%敌杀死乳油2000倍液、48%乐斯本乳油或48%天达毒死蜱1500倍液、20%甲氯菊酯乳油200倍液、80%敌敌畏乳油1000倍液、40%氧化乐果乳油1500倍液等。

2.7 蚜虫

别称：腻虫、蜜虫

学名：Aphidoidae（科名）

分类：半翅目，球蚜总科和蚜总科

寄主：植食性昆虫，可危害包括红花玉兰在内的多种园林植物。

分布区域：世界性分布，全国大部分地区的玉兰圃地均有发生。

为害特点：是红花玉兰上常见的刺吸害虫，在全国红花玉兰种植基地均有发生。不仅阻碍植物生长，形成虫瘿，传播病毒，而且造成花、叶、芽畸形。蚜虫是地球上最具破坏性的害虫之一。

2.7.1 形态特征

虫体黄绿色，扁椭圆形，体长1.5～4.9mm。眼大，头、胸小，腹部大，腹管通常管状，基部粗。尾片近圆锥形，尾板末端圆滑。

2.7.2 生活习性与发生规律

生活史复杂。一般8～9月发生严重，大雨后虫口密度大大降低，天敌有草蛉等。在红花玉兰苗圃内，以及圃地周边植物上均有发生。

图2.7 红花玉兰叶片上的蚜虫
（朱仲龙、尹群摄于湖北五峰王家坪、北京海淀）

2.7.3 防治方法

（1）圃地管理

对圃地内的大苗采取秋冬树干涂白的方法，可以防止蚜虫产卵，减少虫源；及时清园，结合修剪，剪除受害的枝梢，并集中销毁，以减少越冬虫口；春季初发蚜虫时，可以用水冲净。

（2）生物防治

保护和利用瓢虫、草蛉、食蚜蝇和寄生蜂等天敌。有条件的苗圃也可人工饲养和释放蚜虫天敌。

（3）化学防治

蚜虫大量发生时可以喷施农药。可选用20%丁硫克百威乳油6000倍液、50%马拉松乳剂1000倍液、50%杀螟松乳剂 1000倍液、40%吡虫啉水溶剂1500～2000倍液等。药品喷施方法参见详细产品说明书。

2.8 斑潜蝇

别称：鬼画符

学名：Agromyzidae（科名）

分类：双翅目，潜蝇科

寄主：杂食性，可危害包括红花玉兰在内的多种园林植物，危害黄瓜、番茄、茄子等果蔬。

分布区域：世界性分布，全国大部分地区的玉兰圃地均有发生。

为害特点：是红花玉兰上常见的刺吸害虫，在全国红花玉兰种植基地均有发生。幼虫潜入叶片组织，形成弯曲不规则的线形虫道，破坏叶片组织结构和细胞器结构，影响叶片正常生理活动，造成叶片脱落。

2.8.1 形态特征

成虫小，体长1.3～2.3mm，体淡灰黑色，足淡黄褐色，复眼酱红色。卵椭圆形，乳白色。幼虫蛆形，1龄幼虫近无色，后渐变为浅橙黄色至橙黄色（徐志华，2006）。

图2.8 斑潜蝇危害叶片

（朱仲龙、尹群摄于湖北五峰王家坪、北京海淀、江苏金坛）

2.8.2 生活习性与发生规律

幼虫潜入叶片组织，形成弯曲不规则的线形虫道，破坏叶片组织结构和细胞器结构，影响叶片正常生理活动，造成叶片脱落。

2.8.3 防治方法

（1）圃地管理

加强流通苗木检疫，发现疫情及时销毁，防止扩散；及时清洁圃地，受害部分集中销毁；合理密植，增强圃内通风透光性。

（2）生物防治

保护并利用天敌，如潜蝇茧蜂、反颚茧蜂、姬小蜂等（徐志华，2006）。

（3）化学防治

斑潜蝇已对阿维菌素产生较为严重的抗性，当前最好的药剂为灭蝇胺。英国RUSSELL IPM推出的专利产品FEROLITE对斑潜蝇有很好的防治效果（范丰梅，2018）。

2.9 叶螨

别称：蛛螨

学名：Tetranychidae（科名）

分类：蜱螨亚纲，叶螨科

寄主：可危害包括红花玉兰在内的多种园林植物，以及多种农作物。

分布区域：世界性分布，全国大部分地区的玉兰圃地均有发生。

为害特点：是红花玉兰上常见的刺吸害虫，在全国红花玉兰种植基地均有发生，尤其以温室内的苗木发生严重。玉兰苗木受害后叶严重变薄、变白，严重时叶子完全脱落。

2.9.1 形态特征

雌性成螨体长0.5mm左右，宽0.3mm左右，前、后体部交界处最宽。体背前部稍稍隆起，体背有细长刚毛。足黄白色，略短于体长。有夏型、冬型之分，夏型初蜕皮时体红色，取食后变成暗红色。冬型体鲜红色，略有光泽。雄性成螨体长约0.4mm，体宽约0.25mm。身体末端削尖。初蜕皮时浅黄绿色，渐渐变为绿色或橙黄色。体背两侧有2条黑色斑纹。

卵椭圆球形，黄白色至橙黄色。

幼虫体型圆，黄白色至淡绿色。具3对足。

若虫淡绿色至浅橙黄色，体背出现刚毛。具4对足，开始吐丝。后期雌性卵圆形，翠绿色（徐志华，2006）。

2.9.2 生活习性与发生规律

发生代数各地不同。以受精雌成螨在树体缝隙及土缝、枯落叶中越冬。翌春开始为害。幼虫靠吃叶片的叶肉细胞为生，导致叶面上出现许多失绿瘢痕，逐渐扩大连成片，严重时全叶苍白焦枯早落。有时叶螨幼虫还可以钻到叶柄或茎中。

一般6月以前虫口数量增长缓慢，6~7月随着气温增高，在天气干旱时虫口数量猛增，此时受害的苗木叶片失绿，常常出现密集的灰黄色小点。叶螨的雌成虫用产卵器插入叶片，将叶片刺出许多小孔，产下单个、半透明、白色的椭圆形卵，在叶片上表现为多个白色小斑点。被刺伤叶片的植株光合作用减弱，且伤口容易产生次生病害。进入雨季虫口数量下降。雨季结束后虫口数量再次回升，持续到10月，陆续以末代受精雌成螨潜伏越冬（徐志华，2006）。

叶螨为植食性螨类，有单食性、寡食性和多食性三种类型。可凭借风力、流水、昆

图2.9 叶螨的各个虫态

（尹群摄于北京海淀）

虫、鸟兽和农业机具进行传播，或是随苗木的运输而扩散。叶螨的很多种类有吐丝的习性，在营养恶化时能吐丝下垂，随风飘荡。

2.9.3 防治方法

（1）圃地管理

植株上方垂直放置黄色粘虫板可以控制叶螨成虫，也可以将黄色粘虫板放在易感病植物的周围，或是放在温室入口的周围；加强圃地管理，及时巡查在叶螨化蛹前，去除已经发生虫害的植株；及时去除植株上的老叶、病叶、残叶，以减少虫口数量；水肥管理方面应注意避免施肥过度，尤其是氮肥过度时植株更易遭受叶螨侵害。

（2）生物防治

注意保护和利用草蛉等天敌，有条件的苗圃可人工释放天敌。

（3）化学防治

早春苗木发芽前往树枝上喷洒5° Be石硫合剂可有效防治虫害。

春季在做好虫情测报基础上喷药，可选用0.3° ~ 0.5° Be石硫合剂、45%晶体石硫合剂300倍液、50%硫黄悬浮剂200倍液、10%浏阳霉素乳油1500倍液、20%灭扫利乳油3000倍液、50%乐果乳油1500倍液、15%扫螨净乳油3000倍液、5%尼索朗乳油2000倍液、73%克螨特乳油3000 ~ 4000倍液、40%乐杀螨乳油2000倍液等。对产生抗药性的叶螨，可选速灭畏、百磷1号、对硫磷、功夫、氧化乐果等杀虫剂加入等量消抗液，以增加防效。蚧螨灵(机油乳剂)与福美胂混用，蚧螨灵：40%福美胂可湿性粉剂：水为2：1：100可有效铲除蚜、蚧、叶螨，并兼治轮纹病、腐烂病、干腐病、炭疽病等（徐志华，2006）。

拓展阅读

为防止或延缓产生抗药性，在使用杀螨剂防治叶螨时须注意如下5点：

①选用对叶螨的各个生育期都有效的杀螨剂。

②选择叶螨对药剂最敏感的生育期施药。

③在叶螨发生初期施药。

④不可随意提高用药量或药液浓度，以保持叶螨群中有较多的敏感个体，延缓抗药性的产生和发展。

⑤不同杀螨机制的杀螨剂轮换使用或混合使用。扫螨净和噻螨酮无交互抗性，可以轮换使用。

（王悦娟，2012）

2.10 凹大叶蝉

别称：黑尾大叶蝉

学名：*Bothrogonia ferruginea*

分类：同翅目，叶蝉科，凹大叶蝉属，凹大叶蝉

寄主：可危害包括红花玉兰在内的多种园林植物，以及玉米、大豆等多种农作物和葡萄、梨树、苹果等水果。

分布区域：我国自东北到广东12个省份均有分布记载（杨集昆，1980），全国大部分地区的玉兰圃地均有发生。

为害特点：是红花玉兰上常见的刺吸害虫，在全国红花玉兰种植基地均有发生。该昆虫以植物为食，成虫和若虫刺吸寄主植株汁液，使植株出现刺吸白点，严重时导致植株苍白枯死，同时刺吸过程中还可传播植物病毒，引发病害。

2.10.1 形态特征

体长12.5 ~ 16.0mm，体色黄褐色至红棕色，头部两黑色单眼之间有一冠斑（有时小或消失），头顶前缘有一顶斑。前胸背板上有三个呈品字排列的黑斑。前翅端部呈黑色，因此称为“黑尾”大叶蝉。腿节和胫节一般两端呈黑色，有时腿节全黑，跗节的末端及爪均为黑色（杨集昆，1980；韩永植，2017）。

2.10.2 生活习性与发生规律

是农林作物上重要的刺吸害虫。成虫和若虫刺吸寄主植物汁液，使其出现褪绿斑点，严重时斑点连成片导致叶片焦枯、早落、甚至苍白死亡。此外，在刺吸过程中还会传布植

物病毒，造成并发病害。以成虫或卵的形式在杂草丛中越冬，温暖地区甚至没有真正的冬眠过程。越冬卵产于寄主植物的组织内。成、若虫喜白天活动。

图2.10 凹大叶蝉幼虫

2.10.3 防治方法

（1）圃地管理

及时清除杂草，减少圃内虫源。

（2）化学防治

对该虫害有防控效果的药物有：20%叶蝉散乳油800倍液，2.5%的溴氰菊酯可湿性粉剂2000倍液，90%敌百虫原液800倍等。

喷药时注意覆盖圃地周边杂草丛。

3 蛀干害虫

3.1 天牛

别称：山山牛

学名：Cerambycidae（科名）

分类：鞘翅目，多食亚目，天牛科

寄主：植食性昆虫，会危害木本植物，是林业生产、作物栽培和建筑木材上的主要害虫。

分布区域：世界性分布，国内分布广泛，全国大部分地区的玉兰圃地均有发生。

为害特点：是红花玉兰上常见的蛀干害虫，在全国红花玉兰种植基地均有发生。主要以幼虫蛀食，生活时间最长，对树干危害最严重。

3.1.1 形态特征

幼虫体粗肥，呈长圆形，略扁，少数体细长。头呈横阔或长椭圆形，常缩入前胸背板很深（蒋书楠，1989）。

3.1.2 生活习性与发生规律

2年1代，以幼虫在树干内越冬。成虫期约在每年的6月至8月中旬，幼虫期遍布全年。其主要为害时期为幼虫期。可蛀蚀苗木的枝干，影响树势，严重的时候将枝干蛀空，导致苗木风折，并易引起其他病害。

3.1.3 防治方法

（1）圃地管理

产卵前期将苗木树干涂白；合理修枝，保持圃地内良好的通风，降低天牛产卵量，从而降低危害。

（2）生物防治

保护和利用天敌，有条件的苗圃可以人工释放天敌花绒寄甲等，以降低虫口数。

图3.1　天牛成虫、幼虫、为害状
（朱仲龙、尹群摄于湖北五峰王家坪）

（3）化学防治

幼虫期用40%乐果500倍液注射虫孔，也可以用毒签或者药棉塞住排粪孔，从而毒杀枝干内的幼虫。

羽化高峰期以前，喷洒绿色威雷300～600倍液（秦维亮，2011）。

3.2 蝙蝠蛾

学名：Hepialidae（科名）

分类：鳞翅目，蝙蝠蛾科

寄主：杂食性，可危害包括红花玉兰在内的多种园林植物，以及果树、林木和杂草等。

分布区域：世界性分布，国内分布广泛，全国大部分地区的玉兰圃地均有发生。

为害特点：是红花玉兰上常见的蛀干害虫，在全国红花玉兰种植基地均有发生。幼虫多生活在树木的茎干或根的中间，钻蛀树木枝干的韧皮部和髓部，影响树木水分和养分的输导，轻则削弱树势，重则使树枝和幼干风折或枯死。

图3.2-1 蝙蝠蛾幼虫
（朱仲龙摄于湖北五峰王家坪）

图3.2-2 蝙蝠蛾幼虫为害状
（朱仲龙摄于湖北五峰王家坪）

3.2.1 形态特征

成虫雌蛾体长45～47mm，翅展80～120mm；雄蛾体长27～30mm，翅展62～67mm。体暗褐色，密被绿褐色和粉褐色鳞毛。头小，头顶具长毛，口器退化，触角丝状，细短，黑褐色。胸部具灰色长毛。前翅初羽化时油绿色，后为暗褐色，翅面中央有一近三角形暗褐色斑纹，其中一角上有一银白色斑点。

3.2.2 生活习性与发生规律

1年1～2代。以卵在地面越冬，或以幼虫在苗木基部越冬。翌春开始孵化。6月上旬幼虫开始为害，蛀蚀植物的根、茎、枝、干，是常见的蛀干害虫。8月上旬至9月下旬陆续化蛹。9月中旬为羽化高峰期。成虫羽化后交尾产卵。

成虫只有在黄昏时活动，飞翔时左右摇摆（朱弘复，1975）。

3.2.3 防治方法

（1）圃地管理

严查进入圃地和出圃的苗木，加强苗木的调运检疫防止虫害的异地侵入；注重苗木水分管理，以提高树势，增强树木对虫害的抵抗力；发生虫害的枝条及时剪除，带出圃地集中处理。

（2）生物防治

幼虫易受白僵菌的感染，可在6月中旬施放白僵菌防治。

（3）物理防治

撕开虫粪包，用铁丝直捅蛀道把幼虫捅死。

（4）化学防治

用农药稀释液浸泡棉花球堵塞蛀道口，或者用针筒向蛀道内注射农药稀释液。防治药品可参考3.1。

3.3 豹蠹蛾

别称：六星黑点蠹蛾

学名：Zeuzeridae（科名）

分类：鳞翅目，豹蠹蛾科

寄主：杂食性，可危害包括红花玉兰在内的多种园林植物，以及苹果、枣、桃、柿子、山楂、核桃等果树及杨、柳等林木。

分布区域：河北、河南、东北、山东、山西等。

为害特点：是红花玉兰上常见的蛀干害虫。低龄幼虫为害新梢，虫龄增长开始为害树干，被害枝上常有数个排粪孔，有大量的长椭圆形粪便排出，导致受害枝枯萎，植株生长不良，遇风易折断。

3.3.1 形态特征

成虫雌蛾体长20～38mm，雄蛾体长17～30 mm，体白色，翅展45～65mm，翅上散布黑色斑点，且前翅斑点较多，后翅斑点较少。触角呈线状（廖健雄，1988）。

幼龄幼虫红棕色，老龄幼虫渐渐变成浅黄色，长约60mm，每体节有瘤状突起，并被毛。头黑色，有光泽。

图3.3-1 豹蠹蛾幼虫

图3.3-2 豹蠹蛾幼虫为害状
（朱仲龙摄于湖北五峰王家坪）

3.3.2 生活习性与发生规律

一年发生1代。以幼虫在枝条蛀道或土中越冬。翌年春季枝梢萌发后，再转移到新梢为害。成虫6～7月出现，夜间活动，具有趋光性，雌虫将卵产于树皮裂缝中。幼虫孵化后即蛀入枝条，孔口可见排泄物。越冬的幼虫以枝条中心孔道为中心向旁边蛀蚀，并蛀成小室，在内化蛹。

3.3.3 防治方法

（1）圃地管理

加强植物的调运检疫，防止虫害的异地侵入；幼虫危害新梢时，剪除虫枝，集中烧毁。

（2）化学防治

老熟幼虫为害枝干时，及时检查，在排泄孔灌注敌敌畏乳油、敌百虫等杀虫剂毒杀幼虫（董祖林，2015）。

4 地下害虫

4.1 蛴螬

别称：白土蚕、核桃虫、老母虫

学名：Scarabaeoidea（金龟总科科名）

分类：鞘翅目，金龟总科

寄主：有植食性、粪食性、腐食性三类，其中植食性危害最广泛，可危害包括红花玉兰在内的多种花卉苗木、经济作物、农作物和果蔬。

分布区域：世界性分布，全国大部分地区的玉兰圃地均有发生。

为害特点：是世界性的地下害虫，也是红花玉兰上常见的食叶害虫，在全国红花玉兰种植基地均有发生。春秋两季发生最严重，喜食刚播种的种子、根、块茎以及幼苗，此外，因蛴螬造成的伤口还可诱发病害。

4.1.1 形态特征

蛴螬体肥大，虫体为圆筒形，常弯曲呈“C”型，多为白色，少数为黄白色。具3对胸足，体背隆起，多褶皱。

图4.1-1　蛴螬

（尹群摄于北京海淀）

图4.1-2　金龟子（蛴螬成虫）

（尹群摄于北京海淀）

4.1.2 生活习性与发生规律

蛴螬成虫即金龟子，幼虫和成虫在土中越冬，通常春季和夏末秋初危害严重，夏季高温和冬季低温时潜入土层中。

成虫昼伏夜出，趋光性强，对黑光灯敏感。具有假死和负趋光性，并对未腐熟的粪肥有趋性。

4.1.3 防治方法

（1）圃地管理

施用充分腐熟的农家肥，以免将幼虫和卵带入苗圃；沤肥区要远离玉兰苗圃地；可适度施用一些能够散发氨气的肥料，如碳酸氢铵，从而达到趋避蛴螬的作用；适时秋耕、深耕，将潜伏于土层的蛴螬幼虫翻至地上，使其无法越冬。

（2）生物防治

利用茶色食虫虻、金龟子黑土蜂、白僵菌等天敌生物进行防治。

（3）物理防治

黑光灯诱杀成虫，从而降低虫口数量。

（4）化学防治

圃地内，可用90%敌百虫晶体800倍液或50%辛硫磷乳剂1000倍液灌根。如果是在温室花盆内，可根埋15%铁灭克颗粒等毒杀害虫。

4.2 蛞蝓

别称：蜒蚰，野蛞蝓，鼻涕虫

学名：*Agriolimax agrestis*

分类：腹足纲，柄眼目，蛞蝓科

寄主：杂食性，可危害红花玉兰幼苗的幼嫩根茎，或刮食叶片，也可取食仙客来、朱顶红、雀榕、鸢尾、一串红、海棠、唐菖蒲、草莓、蔬菜、蘑菇等的幼苗、嫩梢和叶片，使植物组织上留有发光的黏液。

分布区域：世界性分布，全国大部分地区的玉兰圃地均有发生。

为害特点：是红花玉兰上常见的害虫，在全国红花玉兰种植基地均有发生。阴凉、潮湿、阴雨天泥泞的苗圃地常见。在玉兰苗圃中尚未见大规模发生的报道。

4.2.1 形态特征

常见蛞蝓像没有壳的蜗牛。成虫伸直时体长30～60mm，柔软、光滑而无外壳，体表暗黑色、暗灰色、黄白色或灰红色。触角2对，暗黑色（徐志华，2006）。

图4.2 蛞蝓幼虫与蛞蝓为害状
（朱仲龙摄于湖北五峰王家坪）

4.2.2 生活习性与发生规律

蛞蝓在作物根部湿土下越冬。春季气温适宜时在田间大量活动，入夏气温升高，活动减弱，秋季天气凉爽后，又活动为害。阴暗潮湿的环境适合其生活，当气温为11.5～18.5℃，土壤含水量为20%～30%时，对其生长发育最为有利。

4.2.3 防治方法

（1）圃地管理

科学合理灌溉，避免漫灌，雨天注意排水；及时清除杂草，保证圃地透光，使蛞蝓没有栖息、繁衍的合适条件。

（2）化学防治

傍晚在蛞蝓经常活动的阴暗潮湿区域撒少量石灰粉，或喷洒灭蜗灵颗粒剂等。

附　录

1 国家禁止使用、限制使用农药名单

为从源头上解决农产品尤其是蔬菜、水果、茶叶的农药残留超标问题，农业部在对甲胺磷等5种高毒有机磷农药加强登记管理的基础上，又停止受理一批高毒、剧毒农药登记申请，撤销一批高毒农药在一些作物上的登记。现整理如下：

国家明令禁止使用的农药

六六六(BHC)，滴滴涕(DDT)，毒杀芬(strobane)，二溴氯丙烷(dibromochloropane)，杀虫脒(chlordimeform)，二溴乙烷(EDB)，除草醚(nitrofen)，艾氏剂(aldrin)，狄氏剂(dieldrin)，汞制剂(mercury compounds)，砷(arsenide)、铅(plumbum compounds)类，敌枯双，氟乙酰胺(fluoroacetamide)，甘氟(gliftor)，毒鼠强(tetramine)，氟乙酸钠(sodium fluoroacetate)，毒鼠硅(silatrane)（2020.5.24发布）。

在蔬菜、果树、茶叶、中草药材上不得使用和限制使用的农药

甲胺磷(methamidophos)，甲基对硫磷(parathion-methyl)，对硫磷(parathion)，久效磷(monocrotophos)，磷胺(phosphamidon)，甲拌磷(phorate)，甲基异柳磷(isofenphos-methyl)，特丁硫磷(terbufos)，甲基硫环磷(phosfolan-methyl)，治螟磷(sulfotep)，内吸磷(demeton)，克百威(carbofuran)，涕灭威(aldicarb)，灭线磷(ethoprophos)，硫环磷(phosfolan)，蝇毒磷(coumaphos)，地虫硫磷(fonofos)，氯唑磷(isazofos)，苯线磷(fenamiphos)19种高毒农药不得用于蔬菜、果树、茶叶、中草药材上。三氯杀螨醇(dicof01)，氰戊菊酯(fenvalerate)不得用于茶树上。任何农药产品都不得超出农药登记批准的使用范围使用（2020.5.24发布）。

农业部第274号公告：

撤销甲胺磷(methamidophos)、甲基对硫磷(parathion-methyl)、对硫磷(parathion)、久效磷(monocrotophos)、磷胺(phosphamidon)等5种高毒有机磷农药混配制剂登记。自2004年6月30日起，不得在市场上销售含以上5种高毒有机磷农药的混配制剂。

中华人民共和国农业部、工业和信息化部、国家质量监督检验检疫总局公告第1745号：

自2014年7月1日起，撤销百草枯水剂登记和生产许可、停止生产，保留母药生产企业水剂出口境外使用登记、允许专供出口生产，2016年7月1日停止水剂在国内销售和使用。

中华人民共和国农业部公告 第2032号：

自2013年12月31日起，撤销氯磺隆（包括原药、单剂和复配制剂，下同）的农药登记证，自2015年12月31日起，禁止氯磺隆在国内销售和使用。

自2013年12月31日起，撤销胺苯磺隆单剂产品登记证，自2015年12月31日起，禁止胺苯磺隆单剂产品在国内销售和使用；自2015年7月1日起撤销胺苯磺隆原药和复配制

剂产品登记证，自2017年7月1日起，禁止胺苯磺隆复配制剂产品在国内销售和使用。

自2013年12月31日起，撤销甲磺隆单剂产品登记证，自2015年12月31日起，禁止甲磺隆单剂产品在国内销售和使用；自2015年7月1日起撤销甲磺隆原药和复配制剂产品登记证，自2017年7月1日起，禁止甲磺隆复配制剂产品在国内销售和使用。

自2013年12月31日起，撤销福美胂和福美甲胂的农药登记证，自2015年12月31日起，禁止福美胂和福美甲胂在国内销售和使用。

中华人民共和国农业部公告 第2445号：

自2018年10月1日起，全面禁止三氯杀螨醇销售、使用。

自2018年10月1日起，禁止销售、使用其他包装的磷化铝产品。

中华人民共和国农业部公告 第2552号：

自2019年3月26日起，禁止含硫丹产品在农业上使用。

自2019年1月1日起，禁止含溴甲烷产品在农业上使用。

2 全国林业检疫性有害生物名单、全国林业危险性有害生物名单

全国林业检疫性有害生物名单
国家林业局公告（2013年第4号）

1. 松材线虫 *Bursaphelenchus xylophilus* (Steiner et Buhrer) Nickle
2. 美国白蛾 *Hyphantria cunea* (Drury)
3. 苹果蠹蛾 *Cydia pomonella* (L.)
4. 红脂大小蠹 *Dendroctonus valens* LeConte
5. 双钩异翅长蠹 *Heterobostrychus aequalis* (Waterhouse)
6. 杨干象 *Cryptorrhynchus lapathi* L.
7. 锈色棕榈象 *Rhynchophorus ferrugineus* (Olivier)
8. 青杨脊虎天牛 *Xylotrechus rusticus* L.
9. 扶桑绵粉蚧 *Phenacoccus solenopsis* Tinsley
10. 红火蚁 *Solenopsis invicta* Buren
11. 枣实蝇 *Carpomya vesuviana* Costa
12. 落叶松枯梢病菌 *Botryosphaeria laricina* (Sawada) Shang
13. 松疱锈病菌 *Cronartium ribicola* J. C. Fischer ex Rabenhorst
14. 薇甘菊 *Mikania micrantha* H.B.K.

全国林业危险性有害生物名单
国家林业局公告（2013 年第 4 号）

1. 落叶松球蚜　*Adelges laricis laricis* Vall.
2. 苹果绵蚜　*Eriosoma lanigerum* (Hausmann)
3. 板栗大蚜　*Lachnus tropicalis* (Van der Goot)
4. 葡萄根瘤蚜　*Viteus vitifolii* (Fitch)
5. 栗链蚧　*Asterolecanium castaneae* Russell
6. 法桐角蜡蚧　*Ceroplastes ceriferus* Anderson
7. 紫薇绒蚧　*Eriococcus lagerostroemiae* Kuwana
8. 枣大球蚧　*Eulecanium gigantea* (Shinji)
9. 槐花球蚧　*Eulecanium kuwanai* (Kanda)
10. 松针蚧　*Fiorinia jaonica* Kuwana
11. 松突圆蚧　*Hemiberlesia pitysophila* Takagi
12. 吹绵蚧　*Icerya purchasi* Maskell
13. 栗红蚧　*Kermes nawae* Kuwana
14. 柳蛎盾蚧　*Lepidosaphes salicina* Borchsenius
15. 杨齿盾蚧　*Quadraspidiotus slavonicus* (Green)
16. 日本松干蚧　*Matsucoccus matsumurae* (Kuwana)
17. 云南松干蚧　*Matsucoccus yunnanensis* Ferris
18. 栗新链蚧　*Neoasterodiaspis castaneae* (Russell)
19. 竹巢粉蚧　*Nesticoccus sinensis* Tang
20. 湿地松粉蚧　*Oracella acuta* (Lobdell)
21. 白蜡绵粉蚧　*Phenacoccus fraxinus* Tang
22. 桑白蚧　*Pseudaulacaspis pentagona* (Targioni-Tozzetti)
23. 杨圆蚧　*Quadraspidiotus gigas* (Thiem et Gerneck)
24. 梨圆蚧　*Quadraspidiotus perniciosus* (Comstock)
25. 中华松梢蚧　*Sonsaucoccus sinensis* (Chen)
26. 卫矛矢尖蚧　*Unaspis euonymi* (Comstock)
27. 温室白粉虱　*Trialeurodes vaporariorum* (Westwood)
28. 沙枣木虱　*Trioza magnisetosa* Log.
29. 悬铃木方翅网蝽　*Corythucha ciliata* (Say)
30. 西花蓟马　*Frankliniella occidentalis* (Pergande)
31. 苹果小吉丁虫　*Agrilus mali* Matsumura
32. 花曲柳窄吉丁　*Agrilus marcopoli* Obenberger
33. 花椒窄吉丁　*Agrilus zanthoxylumi* Hou
34. 杨十斑吉丁　*Melanophila picta* Pallas

35. 杨锦纹吉丁 *Poecilonota variolosa* (Paykull)
36. 双斑锦天牛 *Acalolepta sublusca* (Thomson)
37. 星天牛 *Anoplophora chinensis* (Foerster)
38. 光肩星天牛 *Anoplophora glabripennis* (Motsch.)
39. 黑星天牛 *Anoplophora leechi* (Gahan)
40. 皱绿柄天牛 *Aphrodisium gibbicolle* (White)
41. 栎旋木柄天牛 *Aphrodisium sauteri* Matsushita
42. 桑天牛 *Apriona germari* (Hope)
43. 锈色粒肩天牛 *Apriona swainsoni* (Hope)
44. 红缘天牛 *Asias halodendri* (Pallas)
45. 云斑白条天牛 *Batocera horsfieldi* (Hope)
46. 花椒虎天牛 *Clytus validus* Fairmaire
47. 麻点豹天牛 *Coscinesthes salicis* Gressitt
48. 栗山天牛 *Massicus raddei* (Blessig)
49. 四点象天牛 *Mesosa myops* (Dalman)
50. 松褐天牛 *Monochamus alternatus* Hope
51. 锈斑楔天牛 *Saperda balsamifera* Motschulsky
52. 山杨楔天牛 *Saperda carcharias* (Linnaeus)
53. 青杨天牛 *Saperda populnea* (L.)
54. 双条杉天牛 *Semanotus bifasciatus* (Motschulsky)
55. 粗鞘双条杉天牛 *Semanotus sinoauster* Gressitt
56. 光胸断眼天牛 *Tetropium castaneum* (L.)
57. 家茸天牛 *Trichoferus campestris* (Faldermann)
58. 柳脊虎天牛 *Xylotrechus namanganensis* Heydel.
59. 紫穗槐豆象 *Acanthoscelides pallidipennis* Motschulsky
60. 柠条豆象 *Kytorhinus immixtus* Motschulsky
61. 椰心叶甲 *Brontispa longissima* (Gestro)
62. 水椰八角铁甲 *Octodonta nipae* (Maulik)
63. 油茶象 *Curculio chinensis* Chevrolat
64. 榛实象 *Curculio dieckmanni* (Faust)
65. 麻栎象 *Curculio robustus* Roelofs
66. 剪枝栎实象 *Cyllorhynchites ursulus* (Roelofs)
67. 长足大竹象 *Cyrtotrachelus buqueti* Guer
68. 大竹象 *Cyrtotrachelus longimanus* Fabricius
69. 核桃横沟象 *Dyscerus juglans* Chao
70. 臭椿沟眶象 *Eucryptorrhynchus brandti* (Harold)
71. 沟眶象 *Eucryptorrhynchus chinensis* (Olivier)

72．萧氏松茎象　*Hylobitelus xiaoi* Zhang
73．杨黄星象　*Lepyrus japonicus* Roelofs
74．一字竹象　*Otidognathus davidis* Fabricuius
75．松黄星象　*Pissodes nitidus* Roel.
76．榆跳象　*Rhynchaenus alini* Linnaeus
77．褐纹甘蔗象　*Rhabdoscelus lineaticollis* (Heller)
78．华山松木蠹象　*Pissodes punctatus* Langor et Zhang
79．云南木蠹象　*Pissodes yunnanensis* Langor et Zhang
80．华山松大小蠹　*Dendroctonus armandi* Tsai et Li
81．云杉大小蠹　*Dendroctonus micans* Kugelann
82．光臀八齿小蠹　*Ips nitidusIps* Eggers
83．十二齿小蠹　*Ips sexdentatus* Borner
84．落叶松八齿小蠹　*Ips subelongatus* Motschulsky
85．云杉八齿小蠹　*Ips typographus* L.
86．柏肤小蠹　*Phloeosinus aubei* Perris
87．杉肤小蠹　*Phloeosinus sinensis* Schedl
88．横坑切梢小蠹　*Tomicus minor* Hartig
89．纵坑切梢小蠹　*Tomicus piniperda* L.
90．日本双棘长蠹　*Sinoxylon japonicus* Lesne
91．橘大实蝇　*Bactrocera minax* (Enderlein)
92．蜜柑大实蝇　*Bactrocera tsuneonis* (Miyake)
93．美洲斑潜蝇　*Liriomyza sativae* Blanchard
94．刺槐叶瘿蚊　*Obolodiplosis robiniae* (Haldemann)
95．水竹突胸瘿蚊　*Planetella conesta* Jiang
96．柳瘿蚊　*Rhabdophaga salicis* Schrank
97．杨大透翅蛾　*Aegeria apiformis* (Clerck)
98．苹果透翅蛾　*Conopia hector* Butler
99．白杨透翅蛾　*Parathrene tabaniformis* Rottenberg
100．杨干透翅蛾　*Sesia siningensis* (Hsu)
101．茶藨子透翅蛾　*Synanthedon tipuliformis* (Clerk)
102．核桃举肢蛾　*Atrijuglans hitauhei* Yang
103．曲纹紫灰蝶 *Chilades pandava* (Horsfield)
104．兴安落叶松鞘蛾　*Coleophora obducta* (Meyrick)
105．华北落叶松鞘蛾　*Coleophora sinensis* Yang
106．芳香木蠹蛾东方亚种 *Cossus cossus orientalis* Gaede
107．蒙古木蠹蛾 *Cossus mongolicus* Erschoff
108．沙棘木蠹蛾　*Holcocerus hippophaecolus* Hua, Chou,Fang et Chen

109. 小木蠹蛾 *Holcocerus insularis* Staudinger
110. 咖啡木蠹蛾 *Zeuzera coffeae* Nietner
111. 六星黑点豹蠹蛾 *Zeuzera leuconotum* Butler
112. 木麻黄豹蠹蛾 *Zeuzera multistrigata* Moore
113. 舞毒蛾 *Lymantria dispar* L.
114. 广州小斑螟 *Oligochroa cantonella* Caradja
115. 蔗扁蛾 *Opogona sacchari* (Bojer)
116. 银杏超小卷蛾 *Pammene ginkgoicola* Liu
117. 云南松梢小卷蛾 *Rhyacionia insulariana* Liu
118. 苹果顶芽小卷蛾 *Spilonota lechriaspis* Meyrick
119. 柳蝙蛾 *Phassus excrescens* Butler
120. 柠条广肩小蜂 *Bruchophagus neocaraganae* (Liao)
121. 槐树种子小蜂 *Bruchophagus onois* (Mayr)
122. 刺槐种子小蜂 *Bruchophagus philorobiniae* Liao
123. 落叶松种子小蜂 *Eurytoma laricis* Yano
124. 黄连木种子小蜂 *Eurytoma plotnikovi* Nikolkaya
125. 鞭角华扁叶蜂 *Chinolyda flagellicornis* (F. Smith)
126. 栗瘿蜂 *Dryocosmus kuriphilus* Yasumatsu
127. 桃仁蜂 *Eurytoma maslovskii* Nikoiskaya
128. 杏仁蜂 *Eurytoma samsonoui* Wass
129. 桉树枝瘿姬小蜂 *Leptocybe invasa* Fisher et La Salle
130. 刺桐姬小蜂 *Quadrastichus erythrinae* Kim
131. 泰加大树蜂 *Urocerus gigas taiganus* Beson
132. 大痣小蜂 *Megastigmus* spp.
133. 小黄家蚁 *Monomorium pharaonis* (Linnaeus)
134. 尖唇散白蚁 *Reticulitermes aculabialis* Tsai et Hwang
135. 枸杞瘿螨 *Aceria macrodonis* Keifer.
136. 菊花叶枯线虫 *Aphelenchoides ritzemabosi* (Schwartz) Steiner
137. 南方根结线虫 *Meloidogyne incognita* (Kofoid et White)
138. 油茶软腐病菌 *Agaricodochium camelliae* Liu
139. 圆柏叶枯病菌 *Alternaria tenuis* Nees
140. 冬枣黑斑病菌 *Alternaria tenuissima* (Fr.) Wiltsh
141. 杜仲种腐病菌 *Ashbya gossypii* (Ashby et Now.) Guill.
142. 毛竹枯梢病菌 *Ceratosphaeria phyllostachydis* Zhang
143. 松苗叶枯病菌 *Cercospora pini-densiflorae* Hari. et Nambu
144. 云杉锈病菌 *Chrysomyxa deformans* (Diet.) Jacz.
145. 青海云杉叶锈病菌 *Chrysomyxa qilianensis* Wang, Wu et Li

146. 红皮云杉叶锈病菌 *Chrysomyxa rhododendri* De Bary
147. 落叶松芽枯病菌 *Cladosporium tenuissimum* Cooke
148. 炭疽病菌 *Colletotrichum gloeosporioides* Penz.
149. 二针松疱锈病菌 *Cronartium flaccidum* (Alb. et Schw.)Wint.
150. 松瘤锈病菌 *Cronartium quercuum* (Berk.) Miyabe
151. 板栗疫病菌 *Cryptonectria parasitica* (Murr.) Barr.Barr.Barr.Barr.Barr.
152. 桉树焦枯病菌 *Cylindrocladium quinqueseptatum* Morgan Hodges
153. 杨树溃疡病菌 *Dothiorella gregaria* Sacc.
154. 松针红斑病菌 *Dothistroma piniHulbary*
155. 枯萎病菌 *Fusarium oxysporum* Schlecht.
156. 国槐腐烂病菌 *Fusarium tricinatum* (Cord.) Sacc.
157. 马尾松赤落叶病菌 *Hypoderma desmazierii* Duby
158. 落叶松癌肿病菌 *Lachnellula willkommii* (Hartig) Dennis
159. 肉桂枝枯病菌 *Lasiodiplodia theobromae* (Pat.) Griff. et Maubl
160. 松针褐斑病菌 *Lecanosticta acicola* (Thum.) Sydow
161. 梭梭白粉病菌 *Leveillula saxaouli* (SoroK.) Golov.
162. 落叶松落叶病菌 *Mycosphaerella larici-leptolepis* Ito et al
163. 杨树灰斑病菌 *Mycosphaerella mandshurica* M. Miura
164. 罗汉松叶枯病菌 *Pestalotia podocarpi* Laughton
165. 杉木缩顶病菌 *Pestalotiopsis guepinii* (Desm.) Stey
166. 葡萄蔓割病菌 *Phomopsis viticola* (Saccardo) Saccardo
167. 木菠萝果腐病菌 *Physalospora rhodina* Berk. et Curt.
168. 板栗溃疡病菌 *Pseudovalsella modonia* (Tul.) Kobayashi
169. 合欢锈病菌 *Ravenelia japonica* Diet. et Syd.
170. 草坪草褐斑病菌 *Rhizoctonia solani* Kühn
171. 木菠萝软腐病菌 *Rhizopus artocarpi* Racib.
172. 葡萄黑痘病菌 *Sphaceloma ampelinum* de Bary
173. 竹黑粉病菌 *Ustilago shiraiana* Henn
174. 杨树黑星病菌 *Venturia populina* (Vuill.) Fabr.
175. 冠瘿病菌 *Agrobacterium tumefaciens* (Smith et Townsend) Conn
176. 柑橘黄龙病菌 *Candidatus liberobacter asiaticum* Jagoueix et al
177. 杨树细菌性溃疡病菌 *Erwinia herbicola* (Lohnis) Dye.
178. 油橄榄肿瘤病菌 *Pseudomonas savastanoi* (E.F.smith) Stevens
179. 猕猴桃细菌性溃疡病菌 *Pseudomonas syringae* pv. *actinidiae* Takikawa et al
180. 桉树青枯病菌 *Ralstonia solanacearum* (E. F. Smith)Yabuuch
181. 柑橘溃疡病菌 *Xanthomonas axonopodis* pv. *citri* (Hasse)Vauterin et al
182. 杨树花叶病毒 Poplar Mosaic Virus

183. 竹子（泡桐）丛枝病菌　Ca. *Phytoplasm astris*
184. 枣疯病　Ca. *Phytoplasm ziziphi*
185. 无根藤　*Cassytha filiformis* L.
186. 菟丝子类　*Cuscuta* spp.
187. 紫茎泽兰　*Eupatorium adenophorum* Spreng.
188. 五爪金龙　*Ipomoea cairica* (Linn.) Sweet
189. 金钟藤　*Merremia boisiana* (Gagnep.) Oostr.
190. 加拿大一枝黄花　*Solidago canadens*

3　植物检疫条例实施细则（林业部分）

植物检疫条例实施细则（林业部分）

（1994 年 7 月 26 日中华人民共和国林业部令第 4 号）

第一条　根据《植物检疫条例》的规定，制定本细则。

第二条　林业部主管全国森林植物检疫（以下简称森检）工作，县级以上地方林业主管部门主管本地区的森检工作。

县级以上地方林业主管部门应当建立健全森检机构，由其负责执行本地区的森检任务。

国有林业局所属的森检机构负责执行本单位的森检任务，但是，须经省级以上林业主管部门确认。

第三条　森检员应当由具有林业专业，森保专业助理工程师以上技术职称的人员或者中等专业学校毕业，连续从事森保工作两年以上的技术员担任。

森检员应当经过省级以上林业主管部门举办的森检培训班培训并取得成绩合格证书，由省、自治区、直辖市林业主管部门批准，发给《森林植物检疫员证》。

森检员执行森检任务时，必须穿着森检制服，佩带森检标志和出示《森林植物检疫员证》。

第四条　县级以上地方林业主管部门或者其所属的森检机构可以根据需要在林业工作站、国有林场、国有苗圃、贮木场、自然保护区、木材检查站及有关车站、机场、港口、仓库等单位，聘请兼职森检员协助森检机构开展工作。

兼职森检员应当经过县级以上地方林业主管部门举办的森检培训班培训并取得成绩合格证书，由县级以上地方林业主管部门批准，发给兼职森检员证。兼职森检员不得签发《植物检疫证书》。

第五条　森检人员在执行森检任务时有权行使下列职权：

（一）进入车站、机场、港口、仓库和森林植物及其产品的生产、经营、存放等场所，依照规定实施现场检疫或者复检，查验植物检疫证书和进行疫情监测调查；

（二）依法监督有关单位或者个人进行消毒处理、除害处理、隔离试种和采取封锁、消灭等措施；

（三）依法查阅、摘录或者复制与森检工作有关的资料，搜集证据。

第六条　应施检疫的森林植物及其产品包括：

（一）林木种子、苗木和其他繁殖材料；

（二）乔木、灌木、竹类、花卉和其他森林植物；

（三）木材、竹材、药材、果品、盆景和其他林产品。

第七条　确定森检对象及补充森检对象，按照《森林植物检疫对象确定管理办法》的规定办理。补充森检对象名单应当报林业部备案，同时通报有关省、自治区、直辖市林业主管部门。

第八条　疫区、保护区应当按照有关规定划定、改变或者撤销，并采取严格的封锁、消灭等措施，防止森检对象传出或者传入。

在发生疫情的地区，森检机构可以派人参加当地的道路联合检查站或者木材检查站；发生特大疫情时，经省、自治区、直辖市人民政府批准可以设立森检检查站，开展森检工作。

第九条　地方各级森检机构应当每隔三至五年进行一次森检对象普查。

省级林业主管部门所属的森检机构编制森检对象分布至县的资料，报林业部备查，县级林业主管部门所属的森检机构编制森检对象分布至乡的资料，报上一级森检机构备查。

危险性森林病、虫疫情数据由林业部指定的单位编制印发。

第十条　属于森检对象、国外新传入或者国内突发危险性森林病、虫的特大疫情由林业部发布；其他疫情由林业部授权的单位公布。

第十一条　森检机构对新发现的森检对象和其它危险性森林病、虫，应当及时查清情况，立即报告当地人民政府和所在省、自治区、直辖市林业主管部门采取措施；彻底消灭，并由省、自治区、直辖市林业主管部门向林业部报告。

第十二条　生产、经营应施检疫的森林植物及其产品的单位和个人，应当在生产期间或者调运之前向当地森检机构申请产地检疫，对检疫合格的，由森检员或者兼职森检员发给《产地检疫合格证》，对检疫不合格的发给《检疫处理通知单》。

产地检疫的技术要求按照《国内森林植物检疫技术规程》的规定执行。

第十三条　林木种子、苗木和其他繁殖材料的繁育单位，必须有计划地建立无森检对象的种苗繁育基地，母树林基地。

禁止使用带有危险性森林病、虫的林木种子、苗木和其他繁殖材料育苗或者造林。

第十四条　应施检疫的森林植物及其产品运出发生疫情的县级行政区域之前以及调运林木种子、苗木和其他繁殖材料必须经过检疫，取得《植物检疫证书》。

《植物检疫证书）由省、自治区、直辖市森检机构按规定格式统一印制。

《植物检疫证书》按一车（即同一运输工具）一证核发。

第十五条　省际间调运应施检疫的森林植物及其产品，调入单位必须事先征得所在地的省、自治区、直辖市森检机构同意并向调出单位提出检疫要求；调出单位必须根据该检疫要求向所在地的省、自治区、直辖市森检机构或其委托的单位申请检疫，对调入的应施检疫的森林植物及其产品，调入单位所在地的省、自治区、直辖市的森检机构应当查验检疫证书，必要时可以复检。

检疫要求应当根据森检对象、补充森检对象的分布资料和危险性森林病、虫疫情数据提出。

第十六条 出口的应施检疫的森林植物及其产品，在省际间调运时应当按照本细则的规定实施检疫。

从国外进口的应施检疫的森林植物及其产品再次调运出省、自治区、直辖市时，存放时间在一个月以内的，可以凭原检疫单证发给《植物检疫证书》，不收检疫费，只收证书工本费；存放时间虽未超过一个月但存放地疫情比较严重，可能染疫的，应当按照本细则的规定实施检疫。

第十七条 调运检疫时，森检机构应当按照《国内森林植物检疫技术规程》的规定受理报检和实施检疫，根据当地疫情普查资料，产地检疫合格证和现场检疫检验、室内检疫检验结果，确认是否带有森检对象、补充森检对象或者检疫要求中提出的危险性森林病、虫。对检疫合格的，发给《植物检疫证书》，对发现森检对象、补充森检对象或者危险性森林病、虫的，发给《检疫处理通知单》，责令托运人在指定地点进行除害处理，合格后发给《植物检疫证书》，对无法进行彻底除害处理的，应当停止调运，责令改变用途、控制使用或者就地销毁。

第十八条 森检机构从受理调运检疫申请之日起，应当于十五日内实施检疫并核发检疫单证，情况特殊的经省、自治区、直辖市林业主管部门批准，可以延长十五日。

第十九条 调运检疫时，森检机构对可能被森检对象、补充森检对象或者检疫要求中的危险性森林病、虫污染的包装材料、运载工具、场地、仓库等也应实施检疫。如已被污染，托运人应按森检机构的要求进行除害处理。

因实施检疫发生的车船停留、货物搬运、开拆、取样、储存、消毒处理等费用，由托运人承担。复检时发现森检对象、补充森检对象或者检疫要求中属危险性森林病、虫的，除害处理费用由收货人承担。

第二十条 调运应施检疫的森林植物及其产品时，《植物检疫证书》（正本）应当交给交通运输部门或者邮政部门随货运寄，由收货人保存备查。

第二十一条 未取得《植物检疫证书》调运应施检疫的森林植物及其产品的，森检机构应当进行补检，在调运途中被发现的，向托运人收取补检费；在调入地被发现的，向收货人收取补检费。

第二十二条 对省际间发生的森检技术纠纷，由有关省、自治区、直辖市森检机构协商解决，协商解决不了的，报林业部指定的单位或者专家认定。

第二十三条 从国外引进林木种子、苗木和其他繁殖材料，引进单位或者个人应当向所在地的省、自治区、直辖市森检机构提出申请，填写《引进林木种子、苗木和其他繁殖材料检疫审批单》，办理引种检疫审批手续；国务院有关部门所属的在京单位从国外引进林木种子、苗木和其他繁殖材料时，应当向林业部森检管理机构或者其指定的森检单位申请办理检疫审批手续。引进后需要分散到省、自治区、直辖市种植的，应当在申请办理引种检疫审批手续前征得分散种植地所在省、自治区、直辖市森检机构的同意。

引进单位或者个人应当在有关的合同或者协议中订明审批的检疫要求。

森检机构应当在收到引进申请后三十日内按林业部有关规定进行审批。

第二十四条　从国外引进的林木种子、苗木和其他繁殖材料，有关单位或者个人应当按照审批机关确认的地点和措施进行种植。对可能潜伏有危险性森林病、虫的，一年生植物必须隔离试种一个生长周期，多年生植物至少隔离试种二年以上。经省、自治区、直辖市森检机构检疫，证明确实不带危险性森林病、虫的，方可分散种植。

第二十五条　对森检对象的研究，不得在该森检对象的非疫情发生区进行。因教学、科研需要在非疫情发生区进行时，属于林业部规定的森检对象须经林业部批准，属于省、自治区、直辖市规定的森检对象须经省、自治区、直辖市林业主管部门批准，并应采取严密措施防止扩散。

第二十六条　森检机构收取的检疫费只能用于宣传教育、业务培训、检疫工作补助、临时工工资，购置和维修检疫实验用品、通讯和仪器设备等森检事业，不得挪作他用。

第二十七条　按照《植物检疫条例》第十六条的规定，进行疫情调查和采取消灭措施所需的紧急防治费和补助费，由省、自治区、直辖市在每年的农村造林和林木保护补助费中安排。

第二十八条　各级林业主管部门应当根据森检工作的需要，建设检疫检验室、除害处理设施、检疫隔离试种苗圃等设施。

第二十九条　有下列成绩之一的单位和个人，由人民政府或者林业主管部门给予奖励：

（一）与违反森检法规行为作斗争事迹突出的；

（二）在封锁、消灭森检对象工作中有显著成绩的；

（三）在森检技术研究和推广工作中获得重大成果或者显著效益的；

（四）防止危险性森林病、虫传播蔓延作出重要贡献的。

第三十条　有下列行为之一的，森检机构应当责令纠正，可以处以50元至2000元罚款；造成损失的，应当责令赔偿；

构成犯罪的，由司法机关依法追究刑事责任：

（一）未依照规定办理《植物检疫证书》或者在报检过程中弄虚作假的；

（二）伪造、涂改、买卖、转让植物检疫单证、印章、标志、封识的；

（三）未依照规定调运、隔离试种或者生产应施检疫的森林植物及其产品的；

（四）违反规定，擅自开拆森林植物及其产品的包装，调换森林植物及其产品，或者擅自改变森林植物及其产品的规定用途的；

（五）违反规定，引起疫情扩散的。

有前款第（一）、（二）、（三）、（四）项所列情形之一尚不构成犯罪的，森检机构可以没收非法所得。

对违反规定调运的森林植物及其产品，森检机构有权予以封存、没收、销毁或者责令改变用途，销毁所需费用由责任人承担。

第三十一条　森检人员在工作中徇私舞弊，玩忽职守造成重大损失的，由其所在单位或者上级主管机关给予行政处分，构成犯罪的，由司法机关依法追究刑事责任。

第三十二条　当事人对森检机构的行政处罚决定不服的，可以自接到处罚通知书之日起十五日内，向作出行政处罚决定的森检机构的上级机构申请复议；对复议决定不服的，可以自接到复议决定书之日起十五日内向人民法院提起诉讼。

当事人逾期不申请复议或者不起诉又不履行行政处罚决定的，森检机构可以申请人民法院强制执行或者依法强制执行。

第三十三条　本细则中规定的《植物检疫证书》《产地检疫合格证》《检疫处理通知单》《森林植物检疫员证》和《引进林木种子、苗木和其他繁殖材料检疫审批单》等检疫单证的格式，由林业部制定。

第三十四条　本细则由林业部负责解释。

第三十五条　本细则自发布之日起施行，1984年9月15日林业部发布的《森林植物检疫条例》实施细则（林业部分）同时废止。

4　常见化学杀菌剂

名称	毒性	剂型	作用	适用病害
波尔多液 （Bordeaux mixture）	低毒	胶状悬液（现配现用）	保护型	霜霉病、炭疽病、轮纹病、锈病
甲霜灵 （Metalaxyl）	低毒	5%颗粒剂 25%可湿性粉剂 35%拌种剂 50%瑞毒霉加铜可湿性粉剂	保护型、治疗型	霜霉菌、疫霉菌和腐霉菌引起的霜霉病、疫霉病
三唑醇 （Triadimenol）	低毒	10%、15%、25%干拌种剂 17%、25%湿拌种剂 25%胶悬拌种剂	保护型、治疗型	白粉病、锈病
丙唑灵 （Propiconazole）	低毒	25%乳油 25%可湿性粉剂	保护型、治疗型	白粉病、根腐病、锈病、恶苗病
噻菌灵 （Triabendazole）	低毒	60%、90%可湿性粉剂 45%悬浮液 42%胶悬液	保护型、治疗型	各种腐烂病
腐霉利 （Procymidone）	低毒	50%可湿性粉剂 30%颗粒熏蒸剂 25%胶悬剂	保护型、治疗型	菌核病、灰霉病、黑性病、褐腐病、大斑病
氯苯嘧啶醇 （Fenarimol）	低毒	6%可湿性粉剂 12%乳油	保护型、治疗型、铲除型	白粉病、黑星病、锈病
恶霉灵 （Hymexazol）	低毒	15%、30%、50%水剂 70%可湿性粉剂	保护型	立枯病
氟菌唑 （Triflumizole）	低毒	30%可湿性粉剂 15%乳油 10%烟剂	保护型、治疗型、铲除型	白粉病、锈病、褐腐病、黑星病
代森锌	低毒	65%、85%可湿性粉剂	保护型	多种真菌病害
代森锰锌 （Mancozeb）	低毒	25%悬浮剂 70%可湿性粉剂	保护型	霜霉病、疫霉病、炭疽病、叶斑病

（续）

名称	毒性	剂型	作用	适用病害
百菌清 （Chlorothalonil）	低毒	50%、75%可湿性粉剂 10%油剂 5%、25%颗粒剂 2.5%、10%、30%烟剂	保护型	霜霉病、疫霉病、炭疽病、灰霉病、锈病、白粉病、叶斑病
福美双 （Thiram）	低毒	50%、75%、80%可湿性粉剂	保护型	霜霉病、疫霉病、炭疽病
三唑酮 （Tradimefon）	低毒	5%、15%、25%可湿性粉剂 10%、20%、25%乳油 25%胶悬剂 0.5%、1%、10%粉剂 10%烟剂	保护型、治疗型、铲除型	锈病、白粉病、叶斑病
甲基硫菌灵 （Triophanate-methyl）	低毒	50%、70%可湿性粉剂 40%悬浮剂	保护型、治疗型	灰霉病、炭疽病、菌核病、白粉病、叶斑病、褐腐病、赤霉病
多菌灵 （Carbendazim）	低毒	25%、50%可湿性粉剂 20%分散剂 40%悬浮剂	保护型、治疗型	炭疽病、灰腐病、绿霉病、褐腐病、褐斑病、白粉病、赤霉病
多抗霉素 （Polyoxin）	低毒	1.5%、2%、3%、10%可湿性粉剂	保护型、治疗型	霜霉病、白粉病、黑斑病、灰霉病、猝倒病
霜霉威 （Propamocarb）	低毒	72.2%、66.5%水剂	保护型、治疗型	霜霉病、疫霉病
戊唑醇 （Tebuconazole）	低毒	2%干拌种剂 2%湿拌种剂 25%可湿性粉剂 25%乳油 6%悬浮拌种剂	保护型、治疗型	褐斑病、锈病、赤霉病、叶斑病、白粉病、灰粉病、根腐病
链霉素 （Streptomycin）	低毒	15%~20%可湿性粉剂 0.1%~8.5%粉剂	保护型、治疗型	细菌病害、疫霉病、溃疡病、霜霉病、软腐病
米多美素 （Midiomycin）	低毒	8%可湿性粉剂 8%水溶液	保护型、治疗型	白粉病
石硫合剂 （Lime sulphur）	中毒	29%水剂 20%膏剂 45%结晶	保护型	白粉病、流胚病、树脂病
烯唑醇 （Diniconazole）	中毒	12.5%超微可湿性粉剂	保护型、治疗型、铲除型	白粉病、锈病、黑粉病、黑星病

使用化学杀菌剂有以下注意事项：

①一般农药使用说明书都有推荐使用浓度，可以按说明使用，但最好还是根据当地植保技术部门在药效试验基础上提出的使用浓度进行施用。干旱或炎热的夏天应当降低使用浓度，避免产生药害。

②使用杀菌剂时还要注意使用时期和使用次数，掌握好喷药时期的关键是掌握病害发生和发展的规律，做好病害发生的预测预报工作，或根据当地植保部门对作物病害的预测

预报做好喷施杀菌剂的准备。一般情况下杀菌剂的喷洒都是在病害发生的初期进行，气候条件有利于病害迅速发展时要立即着手喷药，有时为了控制病情不得不在下毛毛雨时候也喷药。喷药时期决定于病害发展规律外，还要考虑到作物的生育期，很多病害的发生都是与作物的某一生育阶段相联系。此外，还要注意作物各生育期对杀菌剂的耐受力，防止产生药害。植物病害的发生和发展往往要一段时间，喷洒杀菌剂也很难一次解决问题，往往需要喷洒多次。喷洒次数的多少主要决定于病菌再侵染情况，杀菌剂的残效期以及气候条件、光照、温度和降雨等。

5 常见化学杀虫剂

常见有机氯杀虫剂

名称	毒性	剂型	作用	适用范围
三氯杀虫酯（Baygan MEB）	低毒	3%粉剂 20%乳油	触杀、熏蒸作用	杀蚊蝇效力高
硫丹（Endosulfan）	高毒	35%乳油	触杀、胃毒作用	咀嚼式、刺吸式害虫（2019年3月起禁用）

注：有机氯杀虫剂（organochlorine pesticides）大多数生产成本低廉，在动植物体内及环境中长期残留。药物经过生物富集和食物链会在自然界中浓集和扩散，对人体造成不同程度的危害。

常见有机磷杀虫剂

名称	毒性	剂型	作用	适用范围
敌百虫（Trichlorphon）	低毒	80%可湿性粉剂 25%油剂 5%粉剂	触杀、胃毒作用	咀嚼式害虫
辛硫磷（Phoxim）	低毒	45%、50%乳油 5%颗粒剂	触杀、胃毒作用	地下害虫、鳞翅目害虫的幼虫和卵
乙酰甲胺磷（Acephate）	低毒	30%、40%乳油 25%可湿性粉剂	触杀、胃毒作用	咀嚼式、刺吸式害虫
辛硫磷（Phoxim）	低毒	50%、75%乳油 3%、5%颗粒剂	触杀、胃毒作用	鳞翅目幼虫
双硫磷（Temephos）	低毒	20%、50%乳油 1%、2%、5%颗粒剂	触杀作用	跳虱、盲蝽等
丙硫磷（Prothiofos）	低毒	50%乳油 40%可湿性粉剂	触杀、胃毒作用	鳞翅目幼虫
喹硫磷（Quinalphos）	中毒	25%乳油 5%颗粒剂	触杀、胃毒作用	棉花、水稻、果树、蔬菜害虫
敌敌畏（Dichlorovos）	中毒	50%油剂 80%乳油	熏蒸、触杀、胃毒作用	咀嚼式、刺吸式害虫
乐果（Dimethoate）	中毒	40%、50%乳油	触杀、胃毒作用	刺吸式害虫
毒死蜱（Chlorpyrifos）	中毒	40.7%乳油 14%颗粒剂	熏蒸、触杀、胃毒作用	咀嚼式、刺吸式害虫

（续）

名称	毒性	剂型	作用	适用范围
甲基对硫磷（Parathionmenthyl）	高毒	50%乳油 25%水面漂浮剂 1.5%、2.5%、3%粉剂	触杀、胃毒作用	棉花、水稻、果树害虫
氧乐果（Omethoate）	高毒	40%乳油	内吸、触杀、胃毒作用	刺吸式害虫
久效磷（Monocrotopho）	高毒	40%乳油 50%水溶剂	触杀、胃毒作用	蛀食性、咀嚼式、刺吸式害虫
水胺硫磷（Isocarbophos）	高毒	40%乳油	触杀、胃毒、杀卵作用	鳞翅目、同翅目害虫

注：有机磷杀虫剂（organophosphorus pesticide）是指含磷元素的有机化合物杀虫剂。该类杀虫剂种类多、性能广，对害虫毒力强，药效高，是一种常用的农用杀虫剂。低毒种类易分解、残留期短，适用于果蔬；有些类型残留期较长，仅适用于地下害虫；部分类型高毒，容易造成人畜急性中毒，使用时需注意安全。

常见氨基甲酸酯类杀虫剂

名称	毒性	剂型	作用	适用范围
氯菊酯(Permethrin)	低毒	10%乳油	触杀、胃毒作用	棉花、果树、蔬菜害虫
氟氯氰菊酯(Cyfluthrin)	低毒	5.7%乳油	触杀、胃毒作用	鳞翅目幼虫、地下害虫
醚菊酯（Ethofenprox）	低毒	10%、20%、30%乳油 10%、20%、30%可湿性粉剂	触杀、胃毒作用	鳞翅目、直翅目、半翅目、双翅目、鞘翅目害虫
害扑威（CPMC）	低毒	50%可湿性粉剂 15%粉剂 20%乳油	触杀、胃毒作用	叶蝉、飞虱
抗蚜威（Pirimicarb）	中毒	50%可湿性粉剂 10%烟剂 5%颗粒剂	触杀、熏蒸、叶面渗透作用	蚜虫
西维因（Carbaryl）	中毒	25%可湿性粉剂	触杀、胃毒作用	飞虱、介壳虫
速灭威（MTMC）	中毒	2%、4%粉剂 25%可湿性粉剂	触杀、熏蒸作用	飞虱、蓟马、叶蝉、蚂蟥等
叶蝉散（MIPC）	中毒	2%、4%粉剂 20%乳油	触杀作用	叶蝉、飞虱、蓟马、蚂蟥
丙硫克百威（Benfuracarb）	中毒	3%、5%、10%颗粒剂 20%乳油	触杀、胃毒、内吸作用	蚜虫
克百威（Carbonfuran）	高毒	75%原粉 35%种子处理剂 3%颗粒剂	触杀、胃毒作用	棉花等作物害虫、种子处理剂
涕灭威（Aldicarb）	高毒	15%颗粒剂	触杀、胃毒、内吸作用	蚜虫、蓟马等刺吸式害虫、食叶性害虫
灭多威（Methomyl）	高毒	乳油水剂 可湿性粉剂	触杀、胃毒作用	鳞翅目、同翅目、鞘翅目害虫

注：氨基甲酸酯类农药具有选择性强、高效、广谱、对人畜低毒、易分解和残毒少的特点，在农业、林业和牧业等方面得到了广泛的应用。氨基甲酸酯类农药已有1000多种，其使用量已超过有机磷农药，销售额仅次于拟除虫菊酯类农药位居第二。该类农药一般在酸性条件下较稳定，遇碱易分解，暴露在空气和阳光下易分解，在土壤中的半衰期为数天至数周。

常见拟除虫菊酯类杀虫剂

名称	毒性	剂型	作用	适用范围
溴氰菊酯(Deltamethrin)	中毒	2.5%乳油 2.5%可湿性粉剂	触杀、胃毒、驱避、拒食作用	蚜虫、鳞翅目
氯氰菊酯(Cypermethrin)	中毒	10%乳油	触杀、胃毒作用	鳞翅目、同翅目、半翅目害虫
联苯菊酯(Bifenthrin)	中毒	2.5%、10%乳油	触杀、胃毒作用	鳞翅目幼虫、蚜虫、粉虱、叶蝉
顺式氯氰菊酯(Alpha-cypermethrin)	中毒	5%、10%乳油 5%可湿性粉剂	触杀、胃毒作用	鳞翅目、同翅目、半翅目害虫
三氟氯氰菊酯（Cyhalothrin）	中毒	2.5%乳油	触杀、胃毒作用	棉花、果树、蔬菜害虫、刺吸式害虫
氰戊菊酯（Fenvalerate）	中毒	20%乳油	触杀、胃毒作用	鳞翅目、同翅目、直翅目、半翅目害虫
氟氰戊菊酯（Flucythrinate）	中毒	30%乳油	触杀、胃毒作用	鳞翅目、同翅目、双翅目、鞘翅目害虫
甲氰菊酯（Fenpropathrin）	中毒	20%乳油	触杀、胃毒、驱避作用	鳞翅目、同翅目、半翅目、双翅目、鞘翅目害虫

注：拟除虫菊酯类杀虫剂（pyrethroid insecticides）是一类结构活性类似天然除虫菊酯的仿生合成杀虫剂，是一种高效、低毒、低残留、易于降解的杀虫剂。但绝大多数的拟除虫菊酯对鱼高毒，在使用3～5年后，害虫就会产生抗药性，且由于分子量大，亲脂性强，因而缺乏内吸性。

6 常见杀螨剂

常见杀螨剂

名称	毒性	剂型	作用	适用范围
噻螨酮（Hexythiazox）	低毒	5%乳油 20%可湿性粉剂	触杀作用	卵、幼螨、若螨
四螨嗪（Clofentezine）	低毒	10%、20%可湿性粉剂 20%、25%、50%悬浮剂	触杀作用	卵、若螨
吡螨胺（Tebufenpyrad）	低毒	10%乳油 10%可湿性粉剂	触杀作用	螨类（卵、幼螨、成螨）、蚜虫、粉虱
溴螨酯（Bromopropylate）	低毒	50%乳油	触杀作用	卵、幼螨、成螨
浏阳霉素（Liuyangmycin）	低毒	10%乳油	触杀、胃毒作用	叶螨、卵

（续）

名称	毒性	剂型	作用	适用范围
苯丁锡（Fenbutatin oxide）	低毒	25%、50%可湿性粉剂 25%悬浮剂	触杀作用	若螨、成螨
克螨特（Propargite）	低毒	73%乳油	触杀、胃毒作用	若螨、成螨
三氯杀螨砜（Tetradifon）	低毒	8%乳油 20%可湿性粉剂	内吸作用	卵、幼螨、若螨
三唑锡（Azocyclotin）	中毒	25%可湿性粉剂	触杀作用	若螨、成螨、夏卵
扫螨净（Pyridaben）	中毒	15%乳油 20%可湿性粉剂	触杀、胃毒作用	螨类、叶蝉、蚜虫、蓟马、飞虱
螨克（Mitac）	中毒	20%乳油	触杀、拒食、胃毒、熏蒸、内吸作用	卵、幼螨、成螨

7 常见杀线虫剂

常见杀线虫剂

名称	毒性	剂型	作用
棉隆（Dazomet）	低毒	50%、80%可湿性粉剂 85%粉剂 98%～100%微粒剂	熏蒸作用
二氯异丙醚（DCIP）	低毒	8%乳油 30%颗粒剂 95%油剂	熏蒸作用
灭线磷（Ethoprophos）	高毒	20%颗粒剂	触杀、熏蒸作用
克线磷（Fenamiphos）	高毒	10%颗粒剂	触杀、内吸作用
硫线磷（Cadusafos）	高毒	10%颗粒剂	触杀作用
治线磷（Zinophps）	高毒	25%、46%乳油 5%、10%颗粒剂	触杀、胃毒、内吸作用
杀线威（Oxamyl）	高毒	24%可溶性粉剂 10%颗粒剂	内吸作用

注：线虫通过土壤或种子传播，能破坏植物的根系，或侵入地上部分的器官，影响玉兰的生长发育，还间接地传播由其他微生物引起的病害，造成很大的经济损失。现常用的药剂有起熏蒸作用的挥发性药剂和起触杀作用的非挥发性药剂。选购杀虫剂时，应注意选择亲脂性和环境稳定性较高的，能在土壤中以液态或气态扩散的种类。多数杀线虫剂对人畜有较高毒性，有些品种对作物有药害，故应特别注意安全使用。

8　常见农药剂型

常见农药剂型

剂型	定义	特征	优点	缺点	备注
粉剂（dustpowder，DP）	将原药、大量的填料（载体）及适当的稳定剂一起混合粉碎所得到的一种粉状固体干剂	一般不宜加水稀释，多用于喷粉和拌种，还可以用于土壤处理，配制毒饵粒剂等防治病虫害	施用方便、药粒细，不需用水，用简单的喷粉器就可直接喷撒于作物上，施用分布均匀、散布效率高，可在干旱地区或山地水源困难地区使用	使用时，直径小于10μm的微粒，易受地面气流的影响，产生飘移，浪费药量；还会引起环境污染；加工使用时，易被工作人员吸入体内影响身体健康	若将粉剂用于温室和大棚的密闭环境进行喷粉防治病虫害，可充分利用细微粉粒在空中的运动能力和飘浮作用，使植物叶片正、背面均匀地得到药物沉积，提高防治效果，而且不会对棚、室外面的环境造成污染。所以，粉剂是温室、大棚中有效的施药方法
可湿性粉剂（wettable powder，WP）	将原药、填料、表面活性剂及其他助剂等一起混合粉碎所得到的一种很细的干剂。它是用农药原药和惰性填料及一定量的助剂（湿润剂、悬浮稳定剂、分散剂等）按比例充分混匀和粉碎后达到98%通过325目筛，即药粒直径小于44μm，平均粒径25μm，湿润时间小于2min，悬浮率60%以上质量标准的细粉	可湿性粉剂的农药原药一般既不溶于水，也不溶于有机溶剂，很难加工成乳油或其他液体剂型，制成可湿性粉剂后方便使用	不溶于水的原药，都可加工成WP，如需制成高浓度或喷雾使用，一般加工成WP；不含有机溶剂，环境相容性好，便于贮存、运输；生产成本低，生产技术、设备配套成熟	加工和使用过程中粉尘容易飘移，有被施用者吸入的风险；生产和储存中受潮、受压、结块后影响使用效果	使用时加水配成稳定的悬浮液，使用喷雾器进行喷雾，喷在植物上的粘附性好，药效也比同种原药的粉剂好。可湿性粉剂如果加工质量差、粒度粗、助剂性能不良，容易引起产品黏结，不易在水中分散悬浮，或堵塞喷头，在喷雾器管道中沉淀，造成喷洒不匀，易使植物局部产生药害，特别是经过长期贮存的可湿性粉剂，其悬浮率和湿润性会下降，因此在使用前最好对上述两指标验证后再使用
可溶性粉剂（water soluble powder，SP）	由水溶性较大的农药原药，或水溶性较差的原药附加了亲水基，与水溶性无机盐和吸附剂等混合磨细后制成	兑水使用	有效成分含量高；药效大；包装费用低，包装物易处理；使用安全	易被雨水冲刷而污染土壤和水体	在水中不溶或分散性差、水溶液不稳定、挥发性大的药物不宜制成可溶性粉剂，杀虫单、赤霉素、啶虫脒等溶解度大的可制成可溶性粉剂
水分散粒剂（water dispersible granule，WDG）	为解决可湿性粉剂存在的粉粒飘移问题，把可湿性粉剂或悬浮剂再造粒成水分散性粒剂	加工的关键技术是要防止粉粒在造粒过程中或成品贮存期间粉粒重新絮结成粗粉粒，因而在配方中要使用一种叫隔离剂的助剂，它能将粉粒隔离开来。常用的助剂有聚羧酸盐类，高岭土、硅藻土、陶土类，无机盐类，如硝酸钠、硫酸钠、氯化钠，萘磺酸盐类等	克服了可湿性粉剂产生粉尘、悬浮剂包装运输不便等缺点，具有流动性能好，分散性好，使用方便，无粉尘飞扬，安全等优点	—	未来农药制剂的发展方向之一

（续）

剂型	定义	特征	优点	缺点	备注
颗粒剂（granules）	原药与载体、黏着剂、分散剂、润湿剂、稳定剂等助剂混合造粒所得到的一种固体剂型	根据粒级可分为大粒剂（直径5～9mm）、颗粒剂（直径0.297～1.68mm）和微粒剂（直径0.074～0.297mm）	可避免粉剂带来的飘移，施用时受风力影响较小，且施用时不会附着在操作人员身上，提高了施用的安全性；应用和携带比较方便，溶出和吸收速度较快	—	目前已从它开发出了漂浮颗粒剂、微粒剂、微胶囊剂等
悬浮剂（aqueous suspension concentrate，SC）	农药原药和载体及分散剂混合，利用湿法进行超微粉碎而成的黏稠可流动的悬浮体；是由不溶或微溶于水的固体原药借助某些助剂，通过超微粉碎比较均匀地分散于水中，形成一种颗粒细小的高悬浮、能流动的稳定的液固态体系	悬浮剂主要有3种：油悬浮剂、水悬浮剂和干悬浮剂。油悬浮剂是固体农药以固体微粒分散在油性介质中，形成的悬浮体系。水悬浮剂是固体农药以固体微粒分散在水中形成的水悬浮体系	水悬浮剂避免了固体农药加工及使用过程中的粉尘飞扬和对环境的污染，且对防治对象附着性好，药效较粉剂和可湿型粉剂都更好；该制剂没有易燃性，加工、贮运都很安全，是不溶于水的固体农药加工剂型的重要方向之一。干悬浮剂是综合了水悬浮剂和可湿性粉剂的优点，在外观上看它是干燥的粒状物，没有粉尘，遇水后能迅速崩解形成悬浮液喷雾使用。因为该剂型为干燥的粒剂，较水悬浮剂更容易保持良好的物理和化学稳定性状，体积又小，更便于包装贮运和使用，是目前受欢迎的剂型	—	现代农药中十分重要的农药剂型之一，联合国粮农组织(FAO)推荐的四种环保型剂型之一
乳油（emulsifiable concen-trate，EC）	农药原药按比例溶解在有机溶剂中，加入一定量的农药专用乳化剂配制成透明均相液体。乳化剂大多使用非离子和阴离子表面活性剂的混合物，有机溶剂大多采用二甲苯、甲基萘等石油类溶剂，另外也用甲基异丁基甲酮类和异丙醇等醇类溶剂	乳油有效成分含量高，一般在40%～90%。按乳油加水形成的乳状液可分为水包油型和油包水型。水包油型：连续相为水，分散相为油的乳状液，选用亲水性较强的乳化剂，绝大多数农药乳油都属于水包油型乳油。油包水型：连续相为油，分散相为水的乳状液，选用亲油性较强的乳化剂	乳油制剂中有效成分含量较高，贮存稳定性好，使用方便，防治效果好，加工工艺简单，设备要求不高，在整个加工过程中基本无三废。同种农药原药加工成不同的剂型，在相同剂量时，以乳油的药效最好	乳油中含有相当量的易燃有机溶剂，因此在生产、贮运和使用等方面要求严格，如管理不严，操作不当，容易发生中毒现象或产生药害	乳油是一个发展非常成熟的农药剂型，但也是日趋被淘汰的一种剂型。因为消耗大量对环境有害的有机溶剂，特别是芳香烃有机溶剂，西方发达国家甚至相继颁布条款不再登记以甲苯、二甲苯为溶剂的农药乳油制剂。但目前在我国，乳油短时期内仍将是农药的主导剂型。对必须加工成乳油的农药，应充分利用有机溶剂的溶解度，尽可能提高乳油制剂有效含量，鼓励并发展高浓度乳油制剂，不用或尽可能少用高毒有机溶剂，从而尽可能避免传统乳油大量使用有机溶剂对环境带来的危害

（续）

剂型	定义	特征	优点	缺点	备注
水乳剂（emulsion oil in water，EW）	将液体或与溶剂混合制得的液体农药原药以0.5～1.5μm的小液滴分散于水中的制剂，外观为乳白色牛奶状液体	一般来说，用于加工水乳剂的农药的水溶性在1000mg/L以下，因制剂中含有大量的水，对水解不敏感的农药容易加工成化学上稳定的水乳剂	对包装容器的要求远不如乳油苛刻，使制造成本降低；由于只含或不含少量有毒、易燃的有机溶剂对动植物比乳油安全；与其他农药和肥料可混性好；对眼睛刺激性小，无有毒气味，无着火爆炸危险，减少了对环境的污染；施用后没有可湿性粉剂喷施后的残迹和乳油喷施后使果粉脱落等现象，喷洒时雾化的雾滴粒径比乳油大，能减少有效成分的漂移和对环境的污染	—	液态制剂水性化悬浮剂、水乳剂和微乳剂等，以水代替或减少有机溶剂的新剂型水乳剂和微剂必将逐步取代传统剂型
微乳剂（microemulsion，ME）	由液态农药、表面活性剂、水、稳定剂等组成，又称可溶化乳油，水质乳油等	农药分散度极高，达微细化程度，药剂分散粒径一般为0.01～0.1μm，近似于透明或微透明液	①稳定性；②增溶作用；③传递效率高；④促进向动植物组织内部的渗透。 在水中分散性好，对靶体渗透性强、附着力好。以水为主溶剂，不含或少含有机溶剂，因而不燃不爆、生产操作、贮运安全、环境污染少	—	微乳剂是一种对环境友好的绿色农药制剂，可选择作为取代乳油的新剂型，而且适用于某些只有如可湿性粉剂剂型的农药原药品种
烟剂（smoke agent，SA）	将药剂经燃烧变成烟后产生杀虫效果的农药。将原药、燃料（如木炭粉、锯末、煤粉等）、助燃剂（如氯酸钾、硝酸钾等）、发烟剂（如氯化铵等）分别磨细，通过80目筛，再按一定比例充分混合呈粉状或片状物即成	使用时，点燃导火线，农药受热气化，在空气中形成固体烟状产生药效	用量少，施用方便，作用迅速，杀虫范围广	污染大气	常用的烟剂有敌百虫、西维因以及除虫菊、蚊烟香等。在郁闭度很高的森林、果园、仓库以及生长较高大而且株冠郁闭的大田作物中，采取烟雾法都会取得显著的防治效果

（续）

剂型	定义	特征	优点	缺点	备注
超低容量喷雾剂（ultra low volume concentrate，ULV）	指喷到靶标作物上的药液，以极细的雾滴，极低的用量喷出，是供超低容量喷雾施用的一种专剂型	超低容量剂主要分为地面超低容量剂、无人机超低容量剂、航空超低容量剂三类	地面超低容量剂亩用量60～330ml，雾滴直径约为70μm，功效高、环保且药效持久；无人机超低容量剂高效低毒，喷雾操作简单、适用范围广、用药量小且防治效果好；航空超低容量剂需使用轻型固定翼飞机或直升机，适用于地形较复杂的地区	地面超低容量剂喷雾机械易受损，受环境影响（如温度、湿度、风力等）较大，对施药人员技术要求太高，难以大面积推广；无人机超低容量剂、航空超低容量剂成本高、技术还不够成熟	在地面或用飞机将ULV喷洒成70～120μm的细小雾滴，均匀分布在植物茎叶的表面上，从而有效地发挥防治病、虫害的作用
微胶囊农药悬浮剂	利用合成或者天然的高分子材料形成核-壳结构微小容器，将农药包覆其中，并悬浮在水中的农药剂型	包括囊壳和囊芯两部分，是农药有效成分及溶剂，囊壳是成膜的高分子材料，粒径2～50μm	持效期长；减少用药，省工省时；避免药害，提高安全性；消除异味；与不良环境隔离；保护天敌		适用于地下害虫、地下线虫以及生长期长难以防治的害虫
种衣剂（seed coating agent，SC）	将干燥或湿润状态的种子，用含有黏结剂的农药组合物包裹，使在种子外形成具有一定功能和包覆强度的保护层，这一过程称为种子包衣，包在种子外边的组合物质称之为种衣剂	在拌种剂和浸种剂基础上发展起来的	种衣剂紧贴种子，药力集中，利用率高；种衣剂隐蔽使用，对大气、土壤无污染，不伤天敌，使用安全；种衣剂包覆种子后，农药一般不易迅速向周边扩散，又不受日晒雨淋和高温影响，故具有缓释作用，因而有效期长。在土壤中遇水膨胀透气而不被溶解，从而使种子正常发芽、使农药化肥缓慢释放，可杀灭地下害虫，防治种子病菌，提高种子发芽率，减少种子使用量	—	种衣剂有效成分可以是杀虫剂、杀菌剂、除草剂、杀线虫剂、杀鼠剂、植物生长调节剂，亦可以是它们之间的混合物，也可以添加植物营养剂、增氧剂或吸水剂等

参考文献

第一部分

崔读昌，徐师华．1993．中国农业气象现状、任务和发展趋势——中国农业气象四十年[J]．中国农业气象，(01)：5-9．

段金电．2008．杀菌剂咯菌腈中间体的合成工艺研究[D]．杭州：浙江大学．

方建民．2006．广玉兰病害综合防治[J]．安徽林业科技，(Z1)：33-34．

葛权，程诚．2010．红花玉兰资源得到有力保护[N]．中国绿色时报，11-30．

胡美姣，高兆银，李敏，等．2012．杧果果实潜伏侵染真菌种类研究[J]．果树学报，29(1)：105-110

胡美姣，杨波，李敏，等．2013．海南芒果果腐病病原菌鉴定及其生物学特性研究[J]．热带作物学报，34(08)：1564-1569．

胡远彬，梁小玉，季杨，等．2019．牧草白粉病的研究进展[J]．中国草食动物科学，39(01)：55-58．

辉胜．2019．农作物白粉病发生特点及可使用的农药[J]．农药市场信息，(02)：49-50．

金静，刘会香．2009．广玉兰黑斑病病原菌的生物学特性研究[J]．山东农业大学学报(自然科学版)，40(03)：325-328．

匡柳青，陈尚武，张文，等．2014．越冬前北京和云南葡萄溃疡病组织内相关真菌的鉴定[J]．中国农业大学学报，19(1)：99-106．

马迪．2018．园林植物国槐溃疡病致病真菌的生物学特性和致病酶活性的研究[D]．聊城：聊城大学．

秦维亮．2011．北方园林植物病虫害防治手册[M]．北京：中国林业出版社．

桑子阳．2011．红花玉兰花部性状多样性分析与抗旱性研究[D]．北京：北京林业大学

史学远．2014．玉兰细菌性黑斑病的初步病原鉴定及发病规律调查[D]．泰安：山东农业大学．

司越，司凤举，吴仁锋．2005．蔬菜苗期猝倒病和立枯病的识别与防治[J]．长江蔬菜，(01)：31-58．

王金利，贺伟，秦国夫，等．2007．树木溃疡病重要病原葡萄座腔菌属、种及其无性型研究[J]．林业科学研究，20(1)：21-28．

吴小芹，高悦．2007．几种外生菌根菌对松苗抗非根部病害的影响[J]．林业科学，(06)：88-93．

吴小芹，何月秋，刘忠华．2001．葡萄座腔菌属所致树木溃疡病发生与研究进展[J]．南京林业大学学报(自然科学版)，25(1)：61-66．

徐志华．2006．园林花卉病虫生态图鉴[M]．北京：中国林业出版社．

张刚，辛小文，吉根林．2018．芹菜猝倒病综合防控[J]．西北园艺(综合)，(03)：51．

张佳琦．2018．白粉病特效药Pyriofenone[J]．世界农药，40(06)：62-64．

张平喜，等．2015．洞庭湖区朝鲜蓟苗期病害发生与防控[J]．农业科技通讯，(03)：253-254．

张星耀，赵嘉平，梁军，等．2008．树木枝干溃疡病菌致病力分化研究[J]．中国森林病虫，(01)：1-4．

赵嘉平．2007．树木溃疡病菌—葡萄座腔菌属及相关真菌系统分类研究[D]．中国林业科学研究院．

赵秀红．2013．观赏植物炭疽病的发生与防治[J]．中国农业信息，(07)：134．

郑智龙．2013．园林植物病虫害防治[M]．北京：中国农业科学技术出版社．

朱玉香．2003．中国伪叶甲亚科形态学和分类学研究(鞘翅目：伪叶甲科)[D]．重庆：西南农业大学．

邹红竹，王璇，刘淳洋，等. 2019. 观赏海棠干腐病病原菌鉴定[J]. 西北林学院学报，34（03）：132-138.

Ahmad I, Obaidullah M, Hossain M A, et al.2013. In vitro biological control of branch canker (*Macrophoma theiocola*) disease of tea[J]. International Journal of Phytopathology, 2(3): 163-169.

Ma Lu-Yi,Wang Luo-Ron,He Sui-Chao,et al.2006. A new variation of *Magnolia wufengensis* from China[J]. 植物研究, (5): 516-519.

Okuno T, Oikawa S, Goto T, et al. 2006. Structures and phytotoxicity of me Tab.olites from *Valsa ceratosperma*[M]. Educational handbook for health personnel. World Health Organization, 997-1001.

Pennycook S R, Fourie G, Crous P W, et al. 2004.Multiple gene sequences delimit *Botryosphaeria australis* sp. nov. from B. lutea[J]. Mycologia, 96(5): 1030-1041.

Slippers B, Boissin E, Phillips A J L,et al. 2013.Phylogenetic lineages in the Botryosphaeriales: a systematic and evolutionary framework.[J]. Studies in mycology,76(1).

Smith H, Wingfield M J, Coutinho V, et al. 1996. *Sphaeropsis sapinea* and *Botryosphaeria dothidea* endophytic on pines and eucalypts in South Africa[J]. Phytopathology, 62(2): 86-88.

Smith H,Lam M,Patel A. 2018.First reported case of dermatofibrosarcoma in siblings.[J]. Clinical and experimental dermatology.

Thseng F M, Obaidullah M, Hossain M A, et al.2013. In vitro biological control of branch canker (Macrophoma theiocola) disease of tea[J]. International Journal of Phytopathology, 2(3): 163.

第二部分

柴全喜，宋素智. 2016. 水木坚蚧的发生与防治[J]. 山西果树，（04）：59.

陈树椿. 1999. 中国珍稀昆虫图鉴[M]. 北京：中国林业出版社.

成炳伟. 2018. 晋城市区园林绿地养护管理技术研究[D]. 晋中：山西农业大学.

丁玉洲，郑怀书. 1999. 玉兰大刺叶蜂研究[J]. 林业科学，（05）：68-71.

董祖林，高泽正，等. 2015. 园林植物病虫害识别与防治[M]. 北京：中国建筑工业出版社.

范丰梅，李新国，刘乙彬，等. 2018. 20%噻虫·灭蝇胺悬浮剂防治黄瓜斑潜蝇药效试验[J]. 现代农药，17（05）：49-50.

郭尔祥，张秀芝. 2001. 淡剑夜蛾的发生与防治[J]. 中国森林病虫，（S1）：24-25.

韩永植，等. 2017. 昆虫识别图鉴[M]. 郑州：河南科学技术出版社.

蒋书楠. 1989. 中国天牛幼虫[M]. 重庆：重庆出版社.

孔德建，张明博，等. 2009. 园林植物病虫害防治[M]. 北京：中国电力出版社.

李文柱. 2017. 中国观赏甲虫图鉴[M]. 北京：中国青年出版社.

廖健雄. 1988. 花木果病虫害防治[M]. 台北：五洲出版社.

林华峰，杨新军，等. 2007. 几种虫生真菌对斜纹夜蛾的致病性[J]. 应用生态学报，（04）：937-940.

林焕章. 1999. 花卉病虫害防治手册[M]. 北京：中国农业出版社.

谭娟杰，等. 2005. 中国动物志 昆虫纲 第四十卷（鞘翅目 肖叶甲科）[M]. 北京：科学出版社.

唐志远. 2008. 常见昆虫[M]. 北京：中国林业出版社.

王凤，鞠瑞亭，李跃忠，等. 2008. 褐边绿刺蛾的取食行为和取食量[J]. 昆虫知识，（02）：233-235.

王悦娟. 2012. 如何安全高效使用杀螨剂[J]. 现代农业，（03）：44.

吴厚永等，2002. 中国动物志:昆虫纲[M]. 北京：科学出版社.

杨集昆，李法圣. 1980. 黑尾大叶蝉考订—凹大叶蝉属二十二新种记述（同翅目:大叶蝉科）[J]. 昆虫分类学报，（03）：191-210.

张永仁. 2001. 昆虫图鉴2—台湾七百六十种昆虫生态图鉴[M]. 台北市:远流出版事业股份有限公司.

朱弘复，王琳瑶，等. 1979. 蛾类幼虫图册[M]. 北京：科学出版社.

朱弘复．1975．蛾类图册[M]．北京：科学出版社．
朱玉香，陈斌．2004．中国刻胸伪叶甲属一新种记述（鞘翅目:伪叶甲科）（英文）[J]．昆虫分类学报，（03）：185-186.
http://museum.ioz.ac.cn/topic_detail.aspx?id=7888 国家数字动物博物馆　国家标本资源共享平台动物标本子平台
http://www.taieol.tw/（台湾生命大百科）.
http://www.xinhuanet.com/politics/2017-09/14/c_129703758.htm（新华网农民日报，2017）.

附　录

陈雅君，李永刚．2012．园林植物病虫害防治[M]．北京：化学工业出版社．
金波．2004．园林花木病虫害识别与防治[M]．北京：化学工业出版社．
孔德建．2009．园林植物病虫害防治[M]．北京：中国电力出版社．
邵振润，张帅，高希武．2012．杀虫剂科学使用指南[M]．北京：中国农业出版社．
袁会珠．2011．农药使用技术指南[M]．第二版．北京：化学工业出版社．
张文吉．2001．新农药应用指南[M]．第3版．北京：中国林业出版社．
郑智龙．2013．园林植物病虫害防治[M]．北京：中国农业科学技术出版社．